S! OUEN

DE ROUAN

A VOL D'OISEAU

PAR

N. DE LA BUNODIERE

NOTICE

ARCHÉOLOGIQUE ET HISTORIQUE

SUR L'ÉGLISE

SAINT-OUEN DE ROUEN

Clichés de M. le Docteur COUTAN et de M. René DUVAL.

VUE DE L'ÉGLISE, *p. 10.*

NOTICE

ARCHÉOLOGIQUE ET HISTORIQUE

SUR L'ÉGLISE

SAINT-OUEN

DE ROUEN

PAR

H. DE LA BUNODIÈRE

PARIS

ERNEST DUMONT, ÉDITEUR

32, rue de Grenelle, 32

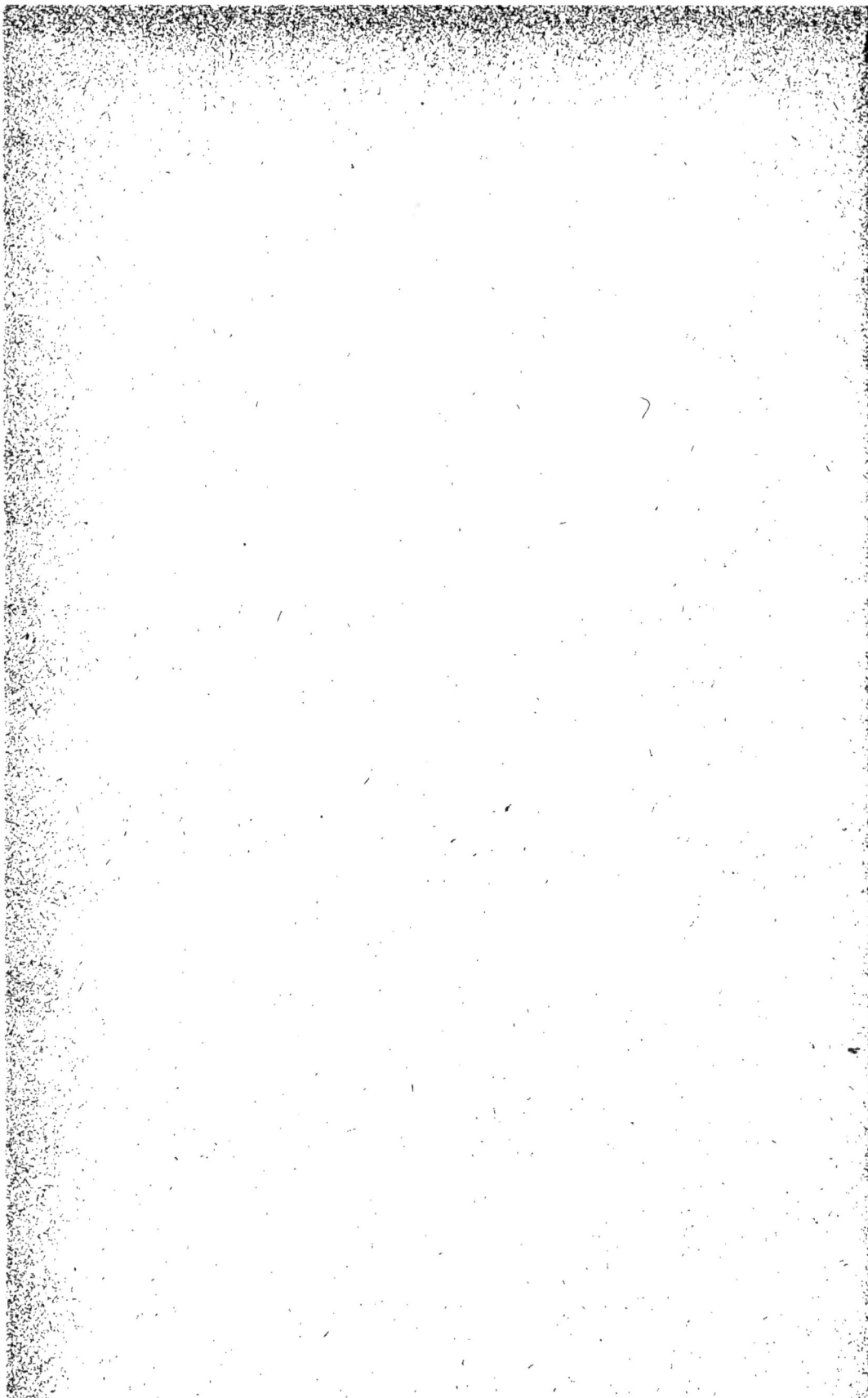

AVANT-PROPOS

L'ancienne église Abbatiale des Bénédictins, devenue, depuis le commencement de ce siècle, la paroisse Saint-Ouen de Rouen, est un des plus beaux ornements de notre ville.

C'est un modèle d'architecture souvent cité par les archéologues, un glorieux témoignage de la foi de nos ancêtres, et un monument d'un charme attirant pour les touristes.

Ces derniers sont si nombreux, qu'il m'a semblé désirable de leur en faciliter la visite.

Cette visite, qui ne serait tenté de la faire après avoir lu ces éloges ?

« Il n'est point de touriste français ou étranger qui ne connaisse Saint-Ouen de Rouen, au moins de réputation. »
                                                BEAURAIN.

« L'église Saint-Ouen de Rouen est l'un des monuments les plus parfaits que nous ait légués l'architecture ogivale. »
                                                Cte R. D'ESTAINTOT.

« Si Rouen n'avait sa belle cathédrale, il pourrait présenter encore avec orgueil aux visiteurs un monument de premier ordre, digne d'occuper une place de choix dans la nomenclature des églises célèbres, et connu, en effet, de quiconque s'intéresse aux merveilles de l'architecture. »
                                                Abbé SAUVAGE.

« L'église Saint-Ouen peut être regardée comme le modèle le plus exquis de l'architecture d'une certaine époque du Moyen Age. »　　　　　　　Ludovic VITET.

« Il n'est point d'édifice gothique plus populaire et plus admiré. »　　　　　　　Louis GONSE.

« Cette église n'a pas besoin d'éloges, étant de celles dont on a toujours parlé avec considération, même dans les temps où l'architecture gothique était le moins goûtée. »
　　　　　　　QUICHERAT.

« La dernière limite que puisse atteindre l'architecture gothique comme légèreté de construction se trouve à Saint-Ouen de Rouen. »　　　　　　VIOLLET-LE-DUC.

Dans cette courte notice dont nous sentons les imperfections et dont nous voyons les lacunes, nous n'avons cherché, aujourd'hui, qu'à faire mieux connaître l'église Saint-Ouen, *et à la faire admirer davantage.*

H. DE LA BUNODIÈRE.

Rouen, le 21 Mars 1895, en la Fête de S. Benoît.

NOTICE

ARCHÉOLOGIQUE ET HISTORIQUE

SUR L'ÉGLISE

SAINT-OUEN DE ROUEN

L'ABBAYE.

L'Abbaye Royale de Saint-Ouen [1] dont l'église indique l'importance, occupait avant 1789 la place entière, dite de l'Hôtel-de-ville [2], où s'élevaient de nombreuses dépendances et le logis de l'Abbé [3].

On voit encore des fragments du mur de clôture à l'angle nord de la place, contre la maison n° 49 ; ce mur se dirigeait ensuite vers l'est pour rejoindre la porte particulière de l'Abbé, rue Bourg-l'Abbé, 37. Cette dernière construction qui se voit d'une façon plus pittoresque au n° 104 de la rue de la République a subi quelques transformations, mais la frise du toit avec ses dessins sur le plomb, ses lacets et ses lourds épis est un curieux vestige du commen-

[1] Fondée probablement par Clotaire Ier sous le nom de Saint-Pierre et Saint-Paul en 536, elle s'appela à la fin du IXe siècle Saint-Pierre et Saint-Ouen, puis cent ans plus tard simplement Saint-Ouen.

[2] Cette place après la destruction de l'Abbaye s'est appelée successivement, *Voltaire, Bonaparte, Saint-Ouen* et de l'*Hôtel-de-ville*.

[3] Cet admirable édifice, construit par le Cardinal Bohier, Abbé Commendataire au commencement du XVIe siècle, servit de logement à tous les grands personnages et souverains de passage à Rouen, il fut démoli en 1810.

cement du xvıe siècle [1]. Le mur se continuait, ainsi qu'on peut le voir, jusqu'à la rue de l'Épée, d'où il suivait à peu près les grilles actuelles du jardin, le long de la rue des Faulx.

Les petits jardins des moines furent réunis pour former le jardin public [2]. L'eau y a été amenée par les religieux, mais le cadran solaire n'est point leur ouvrage [3]. Ce jardin servit aussi de cimetière en différents temps qui remontent jusqu'à l'époque mérovingienne. Nous n'avons pas à mentionner les statues qui ornent (?) le jardin, il nous suffira de dire, qu'une seule nous paraît être à sa place, c'est celle de Rollon, puisqu'il passe pour avoir rapporté sur ses épaules les reliques de saint Ouen, de Darnétal à l'Abbaye. Plus loin on voit sur un pilier de la grille une plaque posée par la municipalité, qui rappelle une phase poignante de notre histoire locale et nationale. C'est en effet dans ces parages, que le 24 mai 1431, Jeanne d'Arc entendit prononcer sa première condamnation, et qu'on lui extorqua son abjuration. Ce fut aussi sur le même terrain que le 7 juillet 1456 une procession générale se rendit, pour proclamer solennellement la réhabilitation de notre sublime héroïne.

Avant d'étudier l'église, nous pourrons encore jeter un coup d'œil au nord sur la place de l'Hôtel de ville.

On y voit un fragment du cloître bâti par le cardinal Bohier au xvıe siècle, et restauré en 1850. « Il se compose de huit travées éclairées chacune par une grande fenêtre à réseau flambloyant et surmontées d'une corniche, d'une galerie et de huit contre-forts à aiguilles traversés par des gargouilles [4]. »

Le vaste bâtiment affecté aujourd'hui aux nombreux services de la Mairie de Rouen servait de logement aux moines. Les fondations en furent jetées en mars 1666 sur les plans

[1] Nous en donnons page 33 une vue inédite due à l'obligeance de M. le docteur Coutan.

[2] Dessiné sur les plans de M. Bouet architecte de la ville, ce jardin fut ouvert au public le 15 mai 1806.

[3] Il a été apporté en cet endroit en 1794 et provenait de l'ancienne Bourse près la rue Haranguerie, où il avait été élevé en 1753 par les frères Slodtz.

[4] Abbé COCHET, Répertoire archéologique.

de l'architecte Defrance, et il fut achevé un siècle plus tard
par Lebrument, auquel on doit les deux escaliers qui sont
justement admirés. La façade sur la place avec ses trois
corps avancés a été remaniée de 1825 à 1829; mais celle
sur le jardin est de l'époque Louis XV.

Malheureusement la Congrégation de Saint-Maur, dont
la réforme a été profitable à l'Ordre de Saint-Benoît au
point de vue de la discipline et des études, a eu une influence
déplorable sur les monuments.

On lit en effet dans les registres capitulaires de l'Abbaye de Saint-Ouen[1] à la date du 16 mars 1768, « qu'il
serait à propos d'abattre les pierres d'attentes destinées
pour la sculpture qui devoit décorer le haut des croisées
du bâtiment neuf......... parce que l'*Architecture moderne
n'admet plus ces ornements superflus......... et il faut se
contenter de la simplicité toujours plus noble et plus ana-
logue à notre état.* »

Au premier se trouvaient les cellules des religieux. Au
rez-de-chaussée le réfectoire, orné de peintures, dont
quelques spécimens se trouvent à la sacristie et au musée
de la ville.

Le 25 mai 1800, l'administration municipale ouvrit ses
séances dans le local de la ci-devant abbaye de Saint-Ouen,
et le 30 mai M. le préfet Beugnot installa la nouvelle
administration qui se composait de M. de Fontenay, maire,
MM. Bigot, Caudron, Remi Taillefesse, Le Lièvre, des
Madières, Le Quesne, adjoints.

[1] *Registre des actes capitulaires,* ms., Archives départementales.

L'ÉGLISE.

L'édifice actuel, d'après les données historiques, est peut-être le sixième qui ait été élevé sur le même emplacement [1]. Du reste, les fouilles profondes faites en 1884 pour l'établissement du calorifère, ont confirmé sur certains points les hypothèses de l'histoire [2].

Il ne reste des précédentes églises qu'une ancienne abside de l'un des collatéraux, vulgairement appelée la Chambre aux Clercs [3]. C'est un type d'architecture romane intéressant à étudier : mais en examinant les deux voûtes superposées, on reconnaît que l'inférieure est de construction plus récente.

Dans tous les cas, trois grands incendies nous indiquent une destruction presque complète de l'Abbaye en 1136, 1211 et 1240.

L'église actuelle accuse quatre grandes périodes de construction très distinctes, et qui peuvent être aisément reconnues [4] :

[1] Abbé SAUVAGE, *Normandie monumentale*. Lemâle, Havre 1893, page 118.

[2] L'on a trouvé dans l'axe de la nef un grand nombre de sarcophages tous bien orientés et entre autres celui de Rainfroy, Abbé de 1126 à 1145. On lisait sur une plaque de plomb..... qui ecclesiam istam post combustionem..... estavit..... et l'on remarqua en effet, dans la couche inférieure du terrain, des traces très accentuées d'une couche épaisse de plusieurs centimètres de terre cuite dans sa partie inférieure (0" 12) ; en charbons et cendres noires dans la partie supérieure (0" 06). — *Procès-verbal des fouilles*, par le C" D'ESTAINTOT et M. DE VESLY.

[3] « Peut-être parce que la partie inférieure du fragment d'église qui nous occupe était une sorte de sacristie ou lieu commun où se rassemblaient les clercs. »

(DE JOLIMONT, *Monuments les plus remarquables de la ville de Rouen.* Paris, 1822.)

[4] Les voûtes montrent facilement les étapes de ces différentes campagnes. Le chœur et le déambulatoire sont voûtés de gros blocs sur lesquels on a simulé un petit appareil. Le transept et une travée de la nef sont voûtés en moellons plus petits et réguliers d'une teinte jaunâtre. Tout le reste est d'un blanc mat.

1º Le chœur et les chapelles qui l'entourent furent commencés le 25 mai 1318 et étaient achevés à la mort de l'Abbé Marc d'Argent le 7 décembre 1339.

2º Le transept et la première travée de la nef, dont les fondations avaient été jetées dans la première période, ne furent guère achevés qu'un siècle plus tard.

3º Le couronnement de la tour et le prolongement de la nef furent l'œuvre de la fin du xvᵉ siècle et de la première moitié du xvıᵉ.

4º Le portail et les deux flèches — excepté la rosace qui est ancienne [1] — furent élevés de 1846 à 1851.

Malgré les justes critiques qu'a soulevées ce portail, et qui ne trouveraient pas leur place ici, nous devons cependant nous estimer heureux que cette église ait été terminée [2].

Pour bien saisir les vastes proportions de cet édifice on peut les rapprocher de celles de quelques cathédrales connues.

	Long. dans œuvre :	Haut. sous clef de voûte :
Westminster Abbey (Londres.) .	156ᵐ	31ᵐ
Cathédrale de Reims	146	38
Cathédrale d'Amiens	138	44
Notre-Dame de Paris	136	34

[1] Cette partie de la construction est circonscrite entre les deux blasons du roi Louis XII et du cardinal Cibo, Abbé de Saint-Ouen : le premier qui se trouvait dans la balustrade extérieure et fut enlevé en 1846, le second qui est à l'intérieur et se voit encore derrière le buffet des grandes orgues. Or Louis XII régna de 1498 à 1515, et le cardinal Cibo fut Abbé Commendataire de Saint-Ouen de 1517 à 1545.

[2] Cette question a été traitée par le Cᵗᵉ Robert d'ESTAINTOT dans le *Rouen illustré* et tout récemment par M. BÉAURAIN dans *Normannia*. Ces ouvrages ont donné tous les détails tristement instructifs de cet acte de vandalisme. Le plan primitif qui comportait deux tours dans le style de la tour centrale, se présentant sur la façade par les angles, et encadrant le portail dans un porche, ne paraît pas en effet avoir été inconnu lors de l'achèvement. L'architecte Grégoire proposa même dans l'un de ses trois projets la continuation du portail, tel qu'il avait été originairement conçu, mais l'importance de la dépense en empêcha l'exécution. On fut mieux inspiré à Cologne, où le portail fut achevé d'après un plan original, retrouvé partie à Darmstadt en 1814, et partie à Paris en 1816.

Cathédrale de Rouen	136	28
Saint-Ouen.	*134*	*33*
Cathédrale de Chartres	132	35
La Trinité de Fécamp	130	23
Cathédrale de Cologne	119	45
Sainte-Gudule de Bruxelles.	110	
Cathédrale de Burgos (Espagne.)	100	
Cathédrale de Lausanne (Suisse.)	93	

Les dimensions de Saint-Ouen scrupuleusement relevées par nous sont les suivantes :

Longueur dans œuvre		134^m
» de la nef		80^m 10
» du chœur		33^m 30
» de la chapelle de la Vierge		14^m
Largeur du transept		46^m 35
» du portail		38^m 10
» de la nef		11^m 22
» d'un bas côté		7^m 07

Parmi les autres églises, celle de Cologne, *dans une perspective lointaine,* rappelle étrangement notre Abbatiale, mais elle en diffère essentiellement par l'absence de tour centrale, l'élévation de ses voûtes et le développement de son portail qui mesure 60 mètres, tandis que nous n'en comptons que 38 à Saint-Ouen.

Du reste, voici le jugement de M. Louis Gonse : « C'est, on ne peut le nier, un prodige de statique, un chef-d'œuvre de hardiesse et de raison, dont la brillante unité n'a d'égale dans tout l'art gothique que celle de Saint-Ouen de Rouen. »

L'EXTÉRIEUR.

Nous allons d'abord détailler le portail pour faire ensuite le tour de l'église [1].

« La voussure de la porte centrale est à cinq cordons de statuettes et de dais ; la baie est coupée par un pilier vertical, auquel s'adosse une statue du Christ ; les pieds droits sont garnis des statues des dix Apôtres, parmi lesquels saint Paul a été substitué à saint Mathias et les deux autres Apôtres ont été ajoutés après coup en dehors de la voussure et un peu en saillie sur la façade. Les petites portes n'ont que deux cordons à la voussure et deux statuettes sur chacun de leurs côtés ; à gauche, Dagobert, saint Éloi, saint Philbert et sainte Austreberthe ; à droite, saint Nicaise, saint Romain, saint Benoît et saint Ouen. En retour sur les flancs de l'édifice s'ouvrent deux portes semblables aux précédentes : celle du Nord présente les statues de Clotaire Ier, de l'impératrice Mathilde, de sainte Clotilde et de Charles de Valois, fils de Philippe III le Hardi ; celle du Sud, les statues des abbés Nicolas, Marc d'Argent, Hildebert et Bohier. Les cinq portes, contrairement à l'usage le plus répandu, n'ont pas de tympan, mais à la place une rosace à jour, pour que la lumière puisse pénétrer dans les vestibules. Elles sont toutes surmontées d'élégants frontons, découpés à jour et couronnés d'un pinacle, sauf celui de la porte centrale que termine un groupe de la Trinité.

« Au-dessus de cette porte et en arrière de son fronton est une galerie vitrée et plus haut une magnifique rose.

« La façade est couronnée par une galerie ogivale où sont contenues onze statues — saint Wandrille, saint Germer ; les archevêques Flavius, Ansbert, Maurile et Geoffroy ; Richard Ier duc de Normandie, Richard II, Guil-

[1] BACHELET, *Rouen, Guide.*

laume le Conquérant, Henri II roi d'Angleterre, Richard
Cœur de Lion — et par un pignon bien sculpté dont une
statue de saint Ouen occupe le point culminant. Les di-
verses statues du portail ont été faites par Victor Villain
ou sous sa direction.

« Deux tours s'élèvent au-dessus des petites portes.
Elles ont deux étages de forme octogonale, en retrait l'un
sur l'autre et percés de longues baies ogivales sur leurs
faces; le premier encadre la grande rose, le second dé-
passe le comble de l'édifice. Puis des flèches, également
octogonales, atteignent une hauteur de 76 mètres [1]. »

Ce portail est l'œuvre de l'architecte Grégoire.

« La nef à l'extérieur est percée d'un premier rang de
huit fenêtres à quatre meneaux et à réseau flamboyant qui
éclairent les bas côtés. Le mur du collatéral se termine
par une corniche garnie de feuillages, qui porte une galerie
et des gargouilles accompagnant les contre-forts, qui montent pour recevoir les arcs-boutants des grandes voûtes
et sont terminés par des aiguilles à crochets. Comme ils
présentent un angle en saillie, ils sont décorés sur chaque
face biaise, d'une niche abritant une statue, seulement au
midi.

« Dans la cinquième travée méridionale s'ouvre un élé-
gant petit portail du XVIᵉ siècle, que l'on appelait autrefois
la Porte de la Cirerie, à cause des boutiques de ciriers qui
y étaient établies [2]. » Dans la galerie du collatéral on voit, à
la troisième travée, des armoiries frustes avec deux anges
comme tenants et, à la quatrième travée, d'autres armoiries
avec deux chimères pour supports.

« Le mur de la grande nef est percé sur chaque côté
d'une galerie à jour éclairant la galerie intérieure, et au-
dessus de dix grandes fenêtres semblables à celles des
collatéraux. Il est terminé par une corniche ornée de feuillages, portant une galerie interrompue par neuf petits
contre-forts couronnés d'aiguilles et escortés de gargouilles.
Les transepts qui appartiennent à la construction du

[1] BACHELET, *Rouen, Guide.*
[2] Abbé COCHET, *Répertoire archéologique de la Seine-Inférieure.*

xive siècle étant accompagnés de bas côtés, sont construits suivant le même système que la nef, sauf que le style rayonnant y est exclusivement employé.

« Le contre-fort d'angle est posé obliquement et abrite une statue à sa partie inférieure. Il reçoit les deux arcs-boutants de la nef et du transept les plus voisins de la croisée. Le pignon est encadré sur l'angle par deux tourelles élancées. Il est percé d'une grande rose et couvert d'un réseau figurant de grandes fenêtres aveugles. Au-dessus de la rose une série de niches abritent des statues que l'on croit représenter les principaux bienfaiteurs du monastère : le roi Clotaire Ier, les ducs Richard Ier, Richard II, l'impératrice Mathilde, Charles de Valois, Philippe le Long et sa femme.

« Au rez-de-chaussée, en avant de la porte, s'élève un porche percé d'un arc aigu dont la voussure est garnie de crochets intérieurs très saillants. L'intérieur, élevé sur un plan hexagone irrégulier, formé des trois côtés d'un rectangle et des trois côtés d'un polygone, est éclairé latéralement par deux hautes fenêtres étroites. Sa voûte est divisée en six travées par des nervures, qui forment à leur point de rencontre deux longs pendentifs. Au fond s'ouvre la porte à trumeau, dont le large ébrasement est garni de quatre niches vides et la voussure de quatorze statues assises. Sur le trumeau est une belle statue de saint Ouen, dont le socle est couvert de bas-reliefs représentant la vie du saint évêque. Le tympan est rempli par trois grands bas-reliefs, représentant la mort de la Vierge, sa mise au tombeau, son assomption et son couronnement. Cette profusion d'images a fait donner à cette porte le nom de *Portail des Marmousets*. Au-dessus est une jolie chambre, qui fut autrefois le chartrier. [1] »

La tour, par son importance et sa renommée, demandait une description spéciale et plus détaillée. Nous la devons à la complaisance d'un archéologue distingué, M. le docteur Coutan, observateur sagace et écrivain consciencieux.

« La tour de Saint-Ouen — ce beau clocher, aux formes

[1] Abbé COCHET, *Rép. arch.*

normandes, qui dresse son diadème sur la croisée centrale [1]
— est rectangulaire au moment où elle émerge des combles
et octogonale à son sommet. Une corniche de feuilles enta-
blées, de laquelle s'élancent huit gargouilles, sépare nette-
ment l'étage inférieur aveugle des deux autres à jour. Les
quatre angles sont épaulés par des contre-forts plats dis-
posés en retour d'équerre. Ils s'élèvent jusqu'à la naissance
du dernier étage au niveau duquel ils font place à des tourelles. D'autres contre-forts beaucoup moins saillants, où
se montre déjà le profil prismatique destiné à envahir
bientôt le domaine entier de l'architecture, divisent les
deux étages inférieurs en quatre travées d'importance iné-
gale. A la base, sur le parement de laquelle les combles
dessinent des solins à redans (en forme d'escaliers), les travées médianes constituent des panneaux tapissés d'arcatures aveugles de style rayonnant.

« A l'étage suivant, elles s'ajourent et deviennent des
baies immenses subdivisées par trois meneaux et coupées
horizontalement par deux traverses, dont l'une placée à hauteur d'appui, joue le rôle de parapet ou garde-fou. Ces traverses sont un des caractères de l'école normande. La
même remarque s'applique aux deux arcatures latérales
aveugles qui flanquent de part et d'autre les panneaux de
l'étage inférieur et les grandes baies gâblées. Le tympan
de ces baies a reçu un remplage qui alterne de l'un à l'autre,
mais qui se reproduit dans le même ordre sur chaque face.
A gauche de l'observateur s'épanouit une fleur de lys ; à
sa droite le meneau principal se bifurque et va se perdre
au milieu d'un réseau flamboyant. Ce type de meneau
bifurqué se rencontre fréquemment en Normandie et ailleurs
à partir de cette époque.

« Arrivée au dernier étage, la tour se transforme magni-
fiquement et passe avec une aisance suprême du carré à
l'octogone pour faire planer dans les airs son diadème de
pierre à peine étrésillonné par huit arcs-boutants reliés,
en se dissimulant, aux tourelles d'angle. Les huit faces
de l'octogone, ajourées seulement dans leur zône infé-

[1] Louis GONSE. *Art Gothique.*

rieure, en vue d'accroître encore l'apparence de légèreté, sont tapissées d'arcatures flamboyantes sur lesquelles se détachent les armes alternées de l'Abbaye de Saint-Ouen et de l'Abbé Bohier. Elles sont surmontées par une balustrade d'où surgissent seize pinacles au milieu d'une couronne de fleurs de lys. Les tourelles d'angle, également octogonales, concourent à l'harmonie de l'ensemble avec leurs dômes côtelés tout hérissés de crosses végétales.

« La tour centrale de Saint-Ouen fut saluée comme un chef-d'œuvre par les contemporains, et ne tarda pas à susciter des imitations qui sont toutes restées inférieures à leur modèle. De ce nombre sont la tour de beurre de la cathédrale de Rouen, le grand clocher latéral de Notre-Dame de Rodez, les tours occidentales de Saint-Étienne, ancienne cathédrale de Toul. La recherche et l'étude de ces dérivés de la tour de Saint-Ouen seraient des plus intéressantes, mais nous écarteraient trop de notre sujet [1]. »

Nous reprenons la description de l'abbé Cochet au Portail des Marmousets où nous l'avons laissée :

« La sacristie, placée contre le transept, couvre la base des deux premières chapelles et est divisée en quatre travées par des contre-forts terminés par des aiguilles, encadrant des fenêtres à croisée, mais à réseau flamboyant du XVe siècle.

« Le chœur, haut comme la nef, se compose des mêmes éléments, à la seule différence qu'il appartient au style rayonnant du XIVe siècle. Sur chaque face il compte trois grandes fenêtres et cinq au chevet. Comme à la nef, le mur est surmonté d'une corniche et d'une balustrade entrecoupée d'aiguilles. Deux étages d'arcs-boutants à deux volées le soutiennent et vont déverser les eaux au delà des murs des chapelles par les chenaux creusés sur leur échine, traversant les piles intermédiaires et celles qui dominent les contre-forts pour aboutir à des gargouilles.

« Onze chapelles bâties sur plan polygone rayonnent autour du chœur et des collatéraux couverts de terrasses,

---

[1] M. le docteur Coutan.

2

que cachent les toits aigus de ces chapelles percées et décorées comme le comble central. »

Nous arrivons ainsi à la vieille construction dite *tour aux Clercs* dont nous parlerons plus loin, et qui est un curieux vestige de la précédente église. Cette tour touche au transept nord, semblable dans le haut au transept sud, mais dont la partie inférieure est cachée par les bâtiments de l'hôtel de ville, anciennement le dortoir des moines.

PORTE DE L'ABBÉ

(Chapelle du Lycée Corneille)

L'INTÉRIEUR.

Quand on entre dans l'église, on est frappé par l'élégance du style, la délicatesse des colonnes, l'élévation des voûtes, la multitude des verrières, l'harmonie enfin de tout l'ensemble qui séduit même les moins familiarisés avec les beautés architecturales.

Aussi, après tous les éloges que nous avons cités, cette vue justifie-t-elle l'exclamation échappée à l'anglais Dibdin : « Nous déclarâmes par un mouvement spontané, qu'il n'était rien d'aussi beau peut-être et assurément rien de plus beau que l'Abbaye de Saint-Ouen [1]. »

Au premier pilier à droite on ne manque pas de faire remarquer aux visiteurs un vaste bénitier de marbre où le vaisseau se reflète dans son entier. Les bas côtés, terminés-en biais contre le portail, témoignent du projet primitif et du vandalisme qui l'a fait modifier.

Les statues adossées le long des murs, qui produisent un si déplorable effet, étaient destinées à orner le sanctuaire et la nef où elles furent placées sous les petits dais des piliers en 1872, puis descendues. Des statues ornaient cependant autrefois la vaste basilique : « mais la plupart de ces belles figures furent détruites par la fureur des Huguenots, aussi bien que *celles qui étaient dans l'Église*. Il est bien vray que depuis, les religieux ont eu le zèle d'en remettre quelques-unes *dans la Nef, particulièrement à chaque pillier*, le reste des niches étant demeuré vide comme autant de places d'attentes [2]. » Cette lacune se combla peu à peu, car nous savons qu'au commencement du XVIIIe siècle « tous les piliers de la nef ont chacun deux figures de pierre

[1] « We declared instinctively that the abbey of S. Ouen could hardly have a rival ; certainly non superior » *A Bibliographical antiquarian and picturesque tour in France and Germany*. -- London 1821, t. 1er, p. 72.

[2] Dom POMMERAYE, *Histoire de l'Abbaye de Saint-Ouen,* page 200.

assez bien faites. Ceux du chœur qui forment le cancel n'en ont qu'une [1]. » Néanmoins le Comité des Beaux-Arts ne permit pas que ces statues fussent placées « parce qu'elles n'étaient pas d'un style assez conforme aux traditions sculpturales du xvᵉ siècle ; comme si chaque âge ne devait pas en France aussi bien qu'ailleurs, apporter son tribut à la maison de Dieu. Nos architectes patentés n'étaient pas si rigoristes, lorsqu'ils faisaient démolir les bases des tours du portail de Saint-Ouen, pour greffer sur une nef du xvᵉ siècle un pastiche du xivᵉ orné de statues copiées sur des modèles pris n'importe où [2]. »

Si nous nous sommes un peu étendu sur ce sujet, c'est que l'on prétendit, pour légitimer la décision du Comité des Beaux-Arts, qu'il n'était pas prouvé que les dites niches eussent été jamais garnies de statues.

La nef se compose de « dix travées de 5 mètres chacune, soutenues par neuf piliers formés par des faisceaux de dix colonnettes du xvᵉ siècle, sauf à la dernière travée contre la croisée, qui appartient entièrement au xivᵉ siècle, l'avant-dernière étant des deux époques par ses supports [3]. »

Ces piliers très sveltes n'ont que 1 ᵐ. 65 ᶜ. de diamètre.

En commençant par le bas côté de droite, nous rencontrons d'abord un bénitier très gracieux de forme, avec les armes de l'Abbaye. En face s'ouvre le joli petit portail de la Cirerie. Les portes, malheureusement très mutilées, sont fort intéressantes.

« En 1724 le R. P. Prieur [4] fit faire des portes neuves à l'église, scavoir une au grand portail du bas de la nef [5], *une à la sous-aile vis à vis de l'église de Sainte-Croix [6], et une à côté de la croisée pour descendre dans le Cloître.*

---

[1] *Voyage du chanoine Bertin* du 31 juillet au 13 août 1718, ms., Bibliothèque Nationale.

[2] Abbé SAUVAGE, *Normandie monumentale*, in-f°. Lemâle, Havre 1893, page 125.

[3] Abbé COCHET, *Répertoire archéologique*.

[4] Dom Louis Clouet.

[5] Nous ne savons ce qu'elle est devenue.

[6] Cette petite paroisse parallèle à l'Abbaye faisait face au portail de la Cirerie.

Toutes ces trois portes sont à deux battans bien travaillées tant pour la menuiserie que pour la sculpture.

...... « On a sculpté sur la porte qui est du côté de Sainte-Croix en haut d'un des battans les armes des Ducs de Normandie, bienfaiteurs de la Maison, et en haut de l'autre celles de la Congrégation de Saint-Maur [1]. »

On peut encore les reconnaître, malgré leur état de dégradation. Pour ce qui est de la porte de la croisée et qui sert actuellement de tambour intérieur : « elle est également travaillée des deux cotez. Sur l'un des battans sont sculptées (à droite quand on est dans le tambour) les armes de Mgr Bohier Archevêque de Bourges, et sur l'autre (à gauche) celles du Cardinal Cibo. De l'autre côté (dans l'intérieur de l'église, à gauche) les armes du Cardinal d'Estouteville, et (à droite) les armes ou *l'emblème* de l'Abbé Roussel dit Marc d'Argent; lesquels ont été tous quatre Abbés et bienfaiteurs de ce Monastère [2]. »

Malheureusement notre manuscrit ne nous donne que les noms des bienfaiteurs, sans nous blasonner leurs armes. Celles des Cardinaux d'Estouteville, Bohier et Cibo déjà connues peuvent être reconstituées, mais c'est un regret pour nous, de ne pouvoir décrire celles de Marc d'Argent le constructeur de l'Abbatiale.

Les seuls vestiges qui en subsistent sont les cannelures verticales du fond, qui indiquent un champ de gueules; et si on rapproche cette donnée des armoiries de la famille Marc d'Argent à la fin du XIVe siècle, on trouve une analogie qui expliquerait la mutilation du centre de l'écu, à la révolution.

« *Marc d'Argent. — Porte de gueules à une fleur de lys d'argent* [3]. »

Nous n'hésitons donc pas à dire que les armes de cette famille furent *attribuées* en 1724 au célèbre Abbé, sans en déduire aucune parenté.

---

[1] *Livre huictiesme des choses notables de l'Abbaye,* ms., Archives départementales.

[2] *Ibidem.*

[3] Extrait *d'un vieil livre manuscrit* (Collection Bigot). Communication due à la bienveillance du Cte R. d'Estaintot.

En continuant nous arrivons à la chapelle des Morts (décrite dans un chapitre spécial) et à la croisée.

Le transept sud, formé de deux travées dans le même style que la dernière travée de la nef, « est fermé par un mur en arrière du portail des Marmousets et décoré de quatre hauts frontons, dont deux surmontent les deux bases de la porte. Leurs rampants, garnis de crochets, abritant des réseaux, sont accompagnés de pinacles et montent presque jusqu'à la galerie à jour que domine la rose [1]. »

« Le carré du transept est compris entre quatre arcades de proportions admirables. Les pieds droits sont d'énormes piliers auxquels vingt-quatre colonnettes engagées donnent l'apparence de la légèreté ; ils n'ont du reste que 2 m. 91 c. de diamètre. L'architecte de Saint-Ouen crut devoir rompre avec la tradition de l'école normande, qui avait coutume d'élever une lanterne à l'intersection de la nef et des transepts, comme le firent encore dans la suite les maîtres de l'œuvre de Saint-Maclou de Rouen, de Saint-Germain d'Argentan, de Notre-Dame de Louviers et de Saint-Pierre de Coutances, ce dernier dans le cours même du XVIe siècle. La voûte s'appuie sur les quatre archivoltes qui l'encadrent et sur autant de nervures qui tendent vers une clef annulaire ornée de quatre rosaces alternant avec quatre masques humains. La sculpture de ces motifs déjà très remarquable est encore rehaussée par une polychromie exquise, à laquelle le temps a prêté le charme de sa palette souveraine [2]. »

« Le transept du nord est formé de deux travées et demie, la demi-travée qui touche le mur du nord étant séparée de celle qui l'avoisine par des piliers plus forts, qui portent un solide arc-doubleau, dont on ne s'explique pas la destination [3]. »

En redescendant le bas côté nord, nous rencontrons immédiatement une vaste toile qui provient du réfectoire des moines.

« Le grand tableau qui y est, a esté faict à Paris en 1665

[1] Abbé Cochet, *Répertoire archéologique*.
[2] M. le docteur Coutan.
[3] Abbé Cochet, *Répertoire archéologique*.

par Monsieur Hallé natif de Rouen [1]. Il représente le miracle de la multiplication des cinq pains que Notre Seigneur fit au désert et couste huict cents livres sans comprendre le quadre et les rideaux avec la ferrure qui reviennent à plus de cinq cents livres, tout cela a esté faict aux frais de la communauté, excepté quelque petite contribution faicte par plusieurs personnes tant religieuses que séculières, pour faire les vitres où leurs armes sont dépeintes pour reconnoissance [2]. »

Ces derniers appendices ne sont pas venus jusqu'à nous, pour nous renseigner sur les bienfaiteurs du monastère.

En face se trouve la chaire en bois, composée dans le style du XIVe siècle par M. Démarest, architecte. M. Chevalier en a exécuté la menuiserie et MM. Bonnet et Jean la sculpture. Elle fut posée en 1861, et grâce à une riche fondation, elle voit souvent pendant le temps du Carême les orateurs célèbres de l'éloquence chrétienne attirer les foules autour d'elle.

Dans le mur du bas côté s'ouvre la porte de la sacristie des clercs, installée dans l'ancien cloître, dont la première travée, « très habilement transformée en cabinet, décoré de vitraux, de peintures, de boiseries et de fers ouvrés, permet à Monsieur le Curé de Saint-Ouen d'entrer dans son église par la chapelle du Saint-Sépulcre, ou d'en sortir par le cloître [3]. »

Revenus dans le bas côté nord que nous achevons de descendre, nous voyons encore l'ancienne entrée qui se trouvait à l'extrémité du cloître, avec son cintre surbaissé ou en anse de panier ; elle a été aveuglée comme ne servant plus.

[1] Daniel Hallé, peintre rouennais, mort à Paris le 14 juillet 1675.
[2] *Livre huictiesme des choses notables de l'Abbaye.*
[3] Abbé SAUVAGE, *Normandie monumentale*, page 128.

LES ORGUES.

Au bas de la nef, se dresse sur deux colonnes cannelées en pierre, d'ordre corinthien, un vaste buffet d'orgues où se lit la date de 1630 ; mais il reste peu de chose du primitif instrument[1]. La boiserie en est imposante et a gêné plus d'un facteur dans les restaurations, car on doit la respecter. En haut se voient les armes de l'Abbaye et en dessus deux anges, le Christ, le roi David, et sainte Cécile.

Cet orgue fut déjà en 1662 l'objet « d'une despense de plus de quinze cens livres, pour le remettre en meilleur estat[2]. »

En 1685 « Dom Charles Aubourg prieur a fait relever l'orgue tout entier et parler les tuyaux qui auparavant ne parloient pas et y a encore fait ajouter de surplus deux jeux de trompettes, l'un dans le positif et l'autre dans le grand jeu[3]. »

Cette réparation avait été nécessitée par le violent ouragan du 12 juin 1683, qui brisa toutes les vitres de la rosace, dont les débris tombèrent dans l'orgue.

« Sur la fin de l'année 1712 furent achevées les réparations que l'on faisoit faire à l'orgue depuis plus de deux ans. Elles consistent en trois sommiers qui ont été faits de nouveau, dans le changement de presque toute la montre et dans l'augmentation de plusieurs jeux, tels que la bombarde et ses deux accompagnemens qui sont un huit pieds et un quatre pieds ; une trompette de récit de cuivre, un plein jeu d'Echo ; un cromorne de cuivre et une voix humaine dans le positif. On y a ajouté aussi une tirasse pour faire jouer le troisième clavier avec les pieds ; on a abaissé les souflets qui étoient placés à la hauteur des sommiers du grand orgue, et l'on a reculé dans les deux coins de chaque côté les sommiers des pédales, qui étoient proche les grands sommiers. C'est le frère Nicolas Prevel

---

[1] Il succédait à un orgue détruit en 1562 par les Calvinistes et qui se trouvait dans le transept nord (*Mémorial* de Guillaume Le Roux).

[2] *Livre huictiesme des choses notables de l'Abbaye.*

[3] *Ibid.*

religieux convers qui a fait cet ouvrage qui est fort estimé et qui a peu coûté par le bon ménage de ce Religieux [1]. »

Ces réparations économiques et consciencieuses n'étaient peut-être pas irréprochables ou peut-être furent compromises lorsqu'on couvrit l'orgue en 1741 pour emmagasiner du blé dans l'église, car nous lisons dans le Registre des actes capitulaires à la date du 15 mai 1768 : « tous les soufflets de notre orgue se trouvoient en si mauvais état qu'il n'étoit plus possible de s'en servir, que d'ailleurs ils avoient été raccommodés tant de fois, que c'étoient se jetter dans des dépences tous les jours répétées, que d'entreprendre et de se contenter de les réparer ; qu'il seroit plus avantageux de les renouveller tout d'un coup, sur quoi délibérant, on est convenu d'accepter la proposition d'un facteur d'orgues de cette ville, qui se charge de les renouveller tous sept pour la somme de six cens livres. »

Quels avaient été, pendant ces différentes phases de l'instrument, les organistes de l'Abbaye ?

Nous en citerons quelques-uns.

Un des premiers fut Nicolas Roussel, auquel succéda le 13 décembre 1670 François de Minorville.

En 1733 nous voyons François Dagincourt qui tint l'orgue pendant vingt-cinq ans, et eut pour successeur le 19 décembre 1758 son neveu Vitecoq. Leur traitement était alors de 300 livres [2].

Les moines qui avaient eu quelquefois des artistes de réelle valeur comme Dagincourt [3], ou d'anciens maîtres vieillis comme de Minorville [4], eurent dans les derniers temps un sieur Armand, que l'âge et les infirmités empêchaient de jouer, et le grand instrument tomba enfin en quenouille entre les mains de Mme Merger. Ce dernier organiste « épouse de notre serpent [5] » entra en fonctions le 25 octobre 1788 et les exerça vraisemblablement jusqu'à la dispersion des Bénédictins.

[1] *Livre huictiesme.*
[2] *Registre des actes capitulaires*, ms., Archives départementales.
[3] M. l'abbé COLLETTE lui consacre une intéressante biographie dans sa « *notice historique sur les orgues et les organistes de la Cathédrale de Rouen*, Cagniard 1894 », pages 22 et 29.
[4] *Id.*
[5] *Registre des actes capitulaires* déjà cité.

La Révolution acheva le délabrement de cet instrument, qui fut réparé après le rétablissement du culte, avec les dépouilles des Églises Saint-Godard et Saint-Jean [1].

En 1828 il fut procédé à une réfection plus complète sous la direction de Dallery.

En 1851 on fit quelques réparations nécessitées par les dégradations occasionnées lors de la reconstruction du portail ; ce fut Ducroquet qui les exécuta.

Aujourd'hui nous sommes en présence d'un instrument, qui laisse bien loin derrière lui, non seulement ceux qui l'ont précédé dans l'Abbaye, mais les orgues anciennement célèbres de Fribourg et de Harlem. C'est au facteur universellement connu Cavaillé-Coll [2] qu'en revient tout l'honneur. Il fut entièrement remanié et mis à neuf en 1890. Cette restauration s'est élevée à plus de 80.000 francs.

Voici sa description sommaire [3] :

Claviers à main	4
Pédalier	I
Jeux	64
Mécanismes auxiliaires au pied	21
Jeux de 32 pieds	2
Jeux de 16 pieds	14
Jeux de 8 pieds	29
Souffleurs	4
Tuyaux	3914

Parmi ces derniers il est curieux d'observer une disposition particulière, qui en a fait placer un certain nombre horizontalement, ce qu'on appelle en terme de métier (en chamade). Ce n'est sans doute pas une innovation, car d'après M. Félix Reinburg, les trous ronds qui se voient au centre du buffet, paraissent indiquer qu'il y en avait autrefois à Saint-Ouen.

Quelques rapprochements feront mieux comprendre l'importance matérielle de cet orgue ; mais il ne faut pas oublier

[1] Archives municipales.

[2] L'œuvre de Cavaillé-Coll comprend aujourd'hui plus de 5oo orgues, dont les 3/4 en France et le reste à l'étranger.

[3] Pour les détails techniques lire la « *Causerie sur le grand orgue de la maison A. Cavaillé-Coll à Saint-Ouen de Rouen,* par C. M. Philbert, Avranches, 1890. »

que « au point de vue de la perfection du mécanisme, le dernier construit est le meilleur » suivant une expression de M. Widor.

	DATES de		FACTEURS		TUYAUX	CLAVIERS		JEUX	REGISTRES	COMBINAISONS au pied	JEUX			SOUFFLEURS
	Construction.	Restauration.	Construction.	Restauration.		main.	pied.				de 32 pieds	de 16 pieds	en chamade.	
Fribourg	1834	1872	Aloys Mooser.	Merklin.	7.800	—	—	67	—	—	—	—	—	—
Harlem	1738	1868	—	Christian Muller.	4.095	4	1	60	—	—	2	10.	—	—
Saint-Sulpice Paris.	18 ?	1862	Clicquot Callinet Daublaine	Cavaillé-Coll.	6.706	5	1	100	118	20	2	—	1	5
Notre-Dame Paris.	1750	1867	Clicquot.	Cavaillé-Coll.	6.000	5	1	86	110	22	2	3 jeux harmoniques.	—	6
Trocadéro Paris.	1878	—	Cavaillé-Coll.	—	4.000	4	1	64	—	24	2	—	—	6
Sheffield	1873	—	Cavaillé-Coll.	—	4.082	4	1	64	—	21	2	13	3	6
Amsterdam	1875	—	Cavaillé-Coll.	—	3.041	3	1	46	—	17	1	4	—	4
Saint-Ouen	1630	1890	—	Cavaillé-Coll.	3.914	4	1	64	—	21	2	14	2	4

Ce merveilleux instrument si puissant et si doux, si compliqué et si simple a plutôt besoin d'être entendu que décrit. C'est un monde que l'heureux organiste chargé de le toucher évoque à son gré, car il fait parler, chanter, vibrer la nature entière.

Dans notre ancienne Abbatiale il n'y a point de ces auditions destinées aux étrangers, comme à Harlem et à Fribourg, et dans lesquelles un programme habilement composé met en valeur les multiples ressources de l'instrument [1].

La mission de nos organistes chrétiens n'est pas d'attirer dans les églises, mais de toucher et d'élever ceux qui y prient, c'est là son vrai rôle dans la liturgie catholique [2].

Nous engageons donc les touristes qui se trouveront à Rouen en dehors du Carême et de l'Avent [3], à venir assister aux grands offices des jours de fête, entre 10 heures et 11 heures et demie, ou 3 heures et 4 heures et demie.

Nous terminerons par un mot de M. Widor, « artiste sévère et trop familier avec les plus magnifiques instruments de l'Europe, pour être aisément accessible à la surprise admirative : *Il y a du Michel-Ange dans cet orgue. . . . . . on redoute de l'attaquer* [4]. »

[1] On joue en général une marche, une pastorale, un chœur d'opéra, une fugue et un orage.

[2] Vers la fin du XVIIIᵉ siècle Balbâtre attirait une telle foule à Notre-Dame de Paris que l'Archevêque se vit, à plusieurs reprises, obligé de lui faire défendre de toucher l'orgue.

L'organiste Broche éblouit aussi le public rouennais par la plus étonnante facilité d'exécution et d'improvisation dans tous les genres. A propos de la bataille de Jemmapes, il peignit par la combinaison de ses jeux, le bruit des instruments militaires, le choc des bataillons, le fracas de l'artillerie, les gémissements des blessés, les chants de triomphe des vainqueurs, etc.

(*Revue des maîtres de chapelle et musiciens de la métropole de Rouen,* par l'abbé LANGLOIS, p. 22. — *Mémoires biographiques* par GUILBERT, *au mot* Broche.)

[3] Pendant les temps du Carême et de l'Avent les grandes orgues sont muettes. A Saint-Ouen comme à la Cathédrale on ne joue le grand orgue qu'aux fêtes de première et de seconde classe.

[4] *Causerie* de M. Philbert déjà citée.

ENTRÉE DU CLOITRE

LES VITRAUX.

Les hautes fenêtres de la nef, du transept et du chœur renferment une suite non interrompue de grands personnages largement traités. La série commence au grand orgue, côté nord, par *Ève* et *Adam* pour se poursuivre à travers les patriarches, les rois de Juda, les Sibylles, les douze petits prophètes, les quatre grands prophètes, et aboutir au Messie. C'est l'histoire de l'Ancien Testament. Au chevet de l'église, le Christ (plus petit) provient de Saint-Godard désaffecté pendant la Révolution. Nous redescendons ensuite tout le côté sud avec le Nouveau Testament représenté par les douze apôtres, les quatre évangélistes, les martyrs, les pontifes et abbés célèbres de l'Ordre de Saint-Benoît.

Ces vitraux, du xvıe siècle dans la nef et le transept, et du xıve dans le chœur, offrent un grand intérêt par l'enchaînement qu'on y suit d'un bout à l'autre et que l'on trouve rarement sans lacune dans une aussi vaste église. Ils sont aussi un frappant exemple de la réaction des peintres verriers, qui après avoir cherché des « harmonies claires et limpides d'aspect sur des fonds blancs damasquinés de grisailles à la fin du xııe siècle, étaient passés à des tonalités puissantes dont la coloration rendait les intérieurs d'églises très sombres au xıııe siècle [1]. »

C'est d'un heureux mélange de ces deux principes, que l'on arriva à ces grandes figures aux vêtements clairs et vifs, sur fond de grisailles encadrées de bordures solides de ton. « Ce parti a été adopté dans beaucoup de monuments de la fin du xıııe siècle et du commencement du xıve, notamment à Saint-Ouen de Rouen [2]. » Malheureusement des panneaux ayant été enlevés pour donner passage à la

[1] Viollet-le-Duc, *Dictionnaire raisonné de l'architecture française*, tome IX, page 434.
[2] *Id.*

fumée, lorsque des forges furent établies dans ce temple, les noms des personnages ont été parfois remis au hasard, ou à l'envers, ou remplacés même par des vitres blanches.

Les trois rosaces très différentes dans leur contexture, sont de véritables chefs-d'œuvre. Il est intéressant de remarquer, que l'architecte habile pour parer aux tassements ou dégradations possibles dans ces délicates conceptions, les a fait reposer sur un mur pignon indépendant de la voûte, laquelle s'arrête à deux pieds de là, sur un arc-doubleau.

Celle du transept nord est, croit-on, de Colin de Berneval. Les lignes géométriques de l'étoile ont probablement été imaginées pour désigner le nord, mais elles infligent à l'ensemble une certaine raideur.

Dans le haut du premier vitrail à gauche se voient les armoiries du cardinal d'Estouteville. Écartelé : aux 1 et 4 burelé de gueules et d'argent de dix pièces, au lion morné de sable — qui est d'Estouteville : aux 2 et 3 de gueules à 2 fasces d'or — qui est d'Harcourt : sur le tout d'azur à 3 fleurs de lys d'or 2 et 1 : à la bande alesée de gueules brochant sur le tout : surmonté d'une croix et d'un chapeau de cardinal.

La rose du transept sud est l'œuvre d'Alexandre de Berneval [1], père du précédent ; elle est d'une grâce incomparable. L'enchevêtrement de ses frêles meneaux et les tons multicolores sous lesquels sont représentés les rois de Juda, satisfont pleinement le regard pour lequel elle est un perpétuel enchantement.

La rosace du grand portail exécutée vers 1545, n'est pas d'un dessin moins remarquable, mais les couleurs heurtées des vitraux nuisent malheureusement à son effet.

En dessous d'elle et derrière le buffet des grandes orgues, se trouvent les armes du cardinal Cibo, Abbé de Saint-Ouen à cette époque. Écartelé : aux 1 et 4 de gueules, à la bande échiquetée de trois traits d'argent et d'azur, — au chef d'argent chargé d'une croix de gueules — qui est de

---

[1] Dans la chapelle Sainte-Agnès, Alexandre de Berneval est figuré sur sa pierre tombale dessinant les contours de cette rosace.

Cibo : aux 2 et 3 d'or chargé de cinq besans de gueules posés 2, 2 et 1 et en chef au tourteau de France, d'azur à 3 fleurs de lys d'or — qui est de Médicis : surmonté d'une croix et d'un chapeau de cardinal : tenants deux anges.

Les vitraux des bas côtés exécutés pour la plupart vers 1540, présentent trop de lacunes pour être décrits avec suite. Ils ont été réparés en 1852 par Bernard de Rouen, peintre verrier de grand talent. Ces restaurations sont incomplètes malheureusement. En verra-t-on jamais l'achèvement ?

Trois armoiries alternent constamment dans les bas comme dans les hauts vitraux. Ce sont :

1º L'Abbaye de Saint-Ouen, qui portait d'azur à 3 fleurs de lys d'or — qui est de France — avec une clef et une épée en sautoir par derrière et sommé d'une mitre et d'une crosse.

2º Le cardinal Bohier : d'or au lion passant d'azur au chef cousu de gueules : une crosse en pal par derrière.

3º Un écu qui se blasonne : d'or au léopard lionné de gueules à la queue fourchue, à la bordure du même : une croix épiscopale en pal par derrière.

Peut-être est-il permis d'attribuer ce dernier écu à saint Ouen lui-même ?

Nous disons, *attribuer*, car il n'y avait pas d'armoiries régulières à cette époque, mais on y retrouve l'atavisme local, qui, des armes de l'Angleterre 3 léopards, est passé aux armes de la province de Normandie 2 léopards et enfin aux armes primitives de la ville de Rouen 1 léopard. Du reste, il fallait bien qu'elles appartinssent à un important personnage, pour occuper tant de places dans l'Abbaye.

Dom Pommeraye voudrait les attribuer soit aux Croismare, soit à André Forman, patriarche de Bourges, soit au général Bohier, frère de l'Abbé, soit au cardinal Gabriel de Grammont, archevêque de Tolose, soit enfin à l'Abbé Richard, mais il prend soin tour à tour de se réfuter lui-même [1].

Il y a, du reste, cette particularité significative, que l'écu

[1] *Histoire de l'Abbaye de Saint-Ouen,* pages 194 et 322.

n'est point accompagné d'une crosse mais d'une croix.

Or, dans un registre de délibérations des Échevins [1], qui commence par une liste des Rois de France, des Pairs de la Province, des Maires de la Ville, des Archevêques de Rouen, figure, en regard du nom de Saint-Ouen, archevêque en 635, un petit écu vide avec cette légende :

PORTE D'OR UNG LÉOPART LIONNÉ DE GUEULLES ET BORDURE DE MESMES.

Nous ne faisons qu'une hypothèse, heureux serons-nous si elle peut amener des éclaircissements.

[1] Archives municipales. Reg. $\frac{A}{38}$.

LA TOUR, LE BEFFROI, LES CLOCHES

Après avoir contemplé la tour à l'extérieur, nous allons la visiter intérieurement.

Près de la chapelle de Saint-Joseph, une admirable vis de pierre va nous permettre cette ascension qui n'a rien de pénible [1].

Nous rencontrons d'abord à la 58e marche une porte en fer qui conduisait au chartrier de l'Abbaye, où les moines conservaient avec orgueil les documents et les titres justifiant de leurs propriétés et de leurs privilèges. Mais la révolte du 25 février 1382, connue à Rouen sous le nom de *la Harelle*, lacéra beaucoup de ces parchemins, au grand dommage de l'histoire.

A la 83e marche s'ouvre la galerie du triforium, et à la 117e on a accès au-dessous de la belle rosace ; enfin, à la 170e nous sommes au-dessus de la voûte du transept sud. Là se trouve le mécanisme de l'horloge au milieu d'une charpente, qui nous indique bien que les Bénédictins étaient propriétaires de forêts, car le bois n'y est point ménagé. Nous parvenons ainsi à la tour centrale, qui a la forme d'une salle immense, dont la hauteur comprend deux étages occupés par le colossal beffroi, merveilleux enchevêtrement de pièces de bois dont quelques-unes mesurent 30 centimètres de côté.

En voici la description [2] :

« Le 31 janvier 1700 on fit marché avec Louis Dumont, maître charpentier en cette ville, pour construire dans la tour de la Croisée de l'église dite la couronne, un Beffroy rapportant à la tour et capable de porter toutte la sonnerie de l'église et spécialement les grosses cloches, qu'on se proposait de faire refondre et augmenter, pour les proportion-

---

[1] Il faut pour cela s'adresser au suisse.
[2] *Livre huictiesme des choses notables de l'Abbaye.*

ner à la grandeur et à la majesté de la même église. L'ouvrage de ce Beffroy a trois parties. La première au-dessous des deux autres et qui les soutient a en quarré environ vingt-six pieds par en bas qu'elle est posée et assise sur la maçonnerie de l'écarriture au-dedans de la tour, et les pots des coins sur le massif de la naissance diagonale de la voûte qui est au-dessous. Le tout bien construit, fermé et assemblé avec tenons, embrellements et broches suivant les règles de l'art. Où il a été observé trois pieds de distance entre la charpente et les murs de la tour, affin que le mouvement que la charpente pourroit souffrir par celuy des cloches lorsqu'elles sonneront, ne puisse en aucune manière ébranler la maçonnerie. Cette première partie est bâtie entièrement à neuf jusqu'à la hauteur de vingt pieds : et sur celle-cy la seconde partie du nouveau Beffroy, qui n'est autre chose que la charpente de l'ancien, a esté remontée et posée jusqu'à environ trente pieds d'élévation, et vis-à-vis la claire-voye de la couronne où seront placées les grosses cloches.

« Et enfin, au-dessus de celle-cy, a esté construite la troisième partie à la hauteur d'environ douze pieds de charpente, pour mettre les cloches de la petite sonnerie. Le tout conforme au dessin dressé par le susdit Louïs Dumont agréé par la communauté. Le prix du marché pour le travail est de huit cens livres avec cinquante livres de vin pour le Me charpentier.

« Mais parce qu'il a fait plusieurs autres parties d'ouvrage qui estoient nécessaires au même dessein et qui n'estoient pas comprises dans son devis, on a esté obligé pour luy rendre justice, de luy payer jusqu'à dix-sept cens soixante et dix-sept livres, le bois et les autres matériaux fournis dont la valeur peut monter à six mil sept cens livres, sans y comprendre ceux de l'ancien Beffroy. »

Après l'avoir contourné pour reprendre un autre escalier, nous gravissons encore 66 marches jusqu'aux baies ouvertes de la tour.

Ici un spectacle imprévu nous attend, c'est la richesse d'ornementation des détails de l'architecture qui ne sont vus que par les touristes et les sonneurs.

La mise en mouvement des cloches par les pieds fut une révolution dans les sonneries.

« Au mois d'août 1716 les grosses cloches qui jusqu'alors avaient été sonnées avec des cordes, furent mises en état d'être foulées au pied, par l'industrie de Jacques Vavasseur, commis de Jumièges[1]. »

Nous avons au-dessus de nos têtes « une voûte bandée sur huit branches d'ogive renforcées par des liernes et des tiercerons. Cet ensemble d'arcs, au profil prismatique, converge vers une énorme clef annulaire, sur laquelle s'enroule une guirlande de feuilles de chêne entremêlées de glands et que ferme un simple disque de bois. Huit culs-de-lampe flanqués de marmousets supportent la retombée des arcs ogives.

« A plusieurs mètres en contre-bas existent encore les amorces d'une voûte restée à l'état de projet et destinée à séparer l'un de l'autre les deux premiers étages.

« Dans le parement intérieur de la base, ou couche, sont pratiquées des arcatures colossales en tiers-point, véritables arcs de décharge, qui soulagent les murs et en diminuent la masse.

« La claire-voie de l'étage intermédiaire est double. Aux grandes fenêtres extérieures correspondent des baies intérieures à deux meneaux prismatiques et à réseau flamboyant. Cette disposition toute normande est connue en archéologie sous le nom de *double mur*[2]. »

La sonnerie de l'Abbaye qui était célèbre au siècle dernier a été comme les autres décimée par la Révolution.

En effet le 22 avril 1792 un décret rendu par la Convention portait « que toutes les cloches *superflues* devraient être fondues aux ateliers de la monnaie de bronze, puis converties en *canons* et en *sols,* qui seraient employés à des œuvres d'utilité publique et de charité. »

Le 25 juin de la même année le Conseil Général de la Commune de Rouen décréta que le nombre des cloches de toutes les paroisses et chapelles serait réduit à *trois.*

[1] *Mémorial* de Guillaume Le Roux, ms., Bibliothèque Municipale.
[2] M. le docteur Coutan.

Enfin le 26 messidor an II le Comité de Salut Public sur le rapport de la Commission des Armes et Poudres arrête : « qu'il sera laissé à la disposition de chaque Commune *une* cloche, conformément au décret des 23 et 24 juillet 1793. »

Voici l'effet de ces mesures successives sur la sonnerie de Saint-Ouen.

Le 22 mai 1792, lors de la visite des officiers municipaux de la commune de Rouen, il y avait *sept* cloches.

Le 25 juillet 1792, il n'y en avait plus que *cinq* autorisées.

Le 22 novembre 1792 on n'en tolère plus que *trois*.

Le 14 frimaire an II (novembre 1794) il n'en restait plus qu'*une*, la plus grosse qui seule est parvenue jusqu'à nous.

Elle se nomme *Saint-Ouen,* pèse 4.200 kilos, a 1ᵐ 80 de diamètre et donne le *LA.*

Voici son inscription :

1701 J'AY ESTÉ BÉNITE PAR DOM JEAN LE TELLIER, GRAND PRIEUR DE L'ABBAYE, ET NOMMÉE SAINT-OUEN PAR HAUT ET PUISSANT Sgʳ Msʳᵉ CHARLES FRANÇOIS MONTHOLON, CHᵉʳ PREMIER PRÉSIDENT DU PARLEMENT DE NORMANDIE, ET PAR HAUTE ET PUISSANTE DAME ELISABETH MARIE DE BRETÉL, MARQUISE DE GRÉMONVILLE, VEUVE DE HAUT ET PUISSANT Sgʳ Msʳᵉ ADRIEN DE CANOUVILLE, CHLʳ Sgʳ DE GROMESNIL, GRAY, CRIQUETOT ET AUTRES LIEUX.

    JEAN AUBERT DE LISIEUX M'A FAICTE.

La seconde provient de la paroisse de Jumièges qui l'avait recueillie elle-même de l'Abbaye de ce nom lors de sa destruction [1].

Elle se nomme *Marie,* pèse 3.000 kilos, mesure 1ᵐ 70 de diamètre et donne le *SI* naturel [2].

---

[1] Elle était, paraît-il, la plus forte des dix cloches de l'Abbaye, d'après l'histoire de Jumièges.

[2] Elle a été ramenée à cette tonalité en 1887 par M. Bollée qui lui a habilement enlevé une couronne de métal à l'intérieur.

Voici son inscription :

QUID ME NOBILIUS CHRISTI QUÆ NOMINE MATRIS
GAUDEO, QUÆQUE ALIOS AC PIA VOTA VOCO,
ET QUAM GEMETICI BENEDIXIT PRÆSUL ET ABBAS
HARLÆUS QUO NIL CLARIUS ORBIS HABET ?
HUIC PROCUL O SUPERI TONITRU FULMENQUE PROCELLÆ
MATRIS DUM SANCTÆ NOMINE TINCTA SONO.
DIE NOV. 1666
F. CHAUVEL ET SON FILZ MONT FAICT.

Sur les côtés figurent les armes de l'Archevêque, celles
de l'abbaye de Jumièges et une belle croix fleurdelisée.

La troisième cloche fut donnée en 1887. Elle porte les
armes de l'Abbaye de Saint-Ouen, et celles de Mgr Thomas Archevêque de Rouen.

Elle se nomme *Julie Marcelle,* pèse 2.135 kilos, mesure 1^m 50 de diamètre et sonne le *DO dièze,* ce qui forme
avec ses compagnes la tierce majeure [1].

Voici son inscription :

AN . DNI . MDCCCLXXXVII . LEONE XIII . SUMMO . PONT .
LEONE . BENEDICTO . CAROLO . THOMAS ARCHIEPISC .
ROTOMAGENSI .
NORMANNIÆ . PRIMATE .
THEODORO . PANEL . HUJUS . PRÆCLARISSIMÆ . STI .
AUDOÉNI . OLIM
ABBATIALIS . NUNC . PAROCHIALIS . ECCLESIÆ RECTORE .
D . D . ARCHIER . BOISTARD DE GLANVILLE . LANGLOIS .
COMIT . D'ESTAINTOT .
FLEURY . H . FRÈRE . THURRIER . DANZAS . HAMEL .
GENEVOIX . FABRICÆ PRÆPOSITIS .
DONIS . DNI . LAURENT . CANONICI . NEC NON . DNÆ .

[1] Lorsqu'il fut question de compléter cette sonnerie, on voulait
y ajouter une cloche plus puissante que les autres, mais on en fut
empêché par les dimensions de la clef annulaire de la voûte qui leur
donne passage. La couronne mesurant 2^m 05 de diamètre, on dut
fondre une cloche qui fut la plus aiguë dans l'échelle des sons, au
lieu d'être la plus grave.

MARCEL . BAZILLE .

CONFECTA . VOCOR . JULIA . MARCELLA . A . DNO .

JULIO LAURENT . ECCL .

PRIMAT . ROTOMAGEN . CANONICO . ET . A . DNA

EMMA LAFOND . VIRI .

PRÆSTANTISSIMI . MARCELLI . BAZILLE . FILIA .

SIC . NOMINATA . ET . AB . ILLUST . AC . REVERENDIS .

IN . XPO . PATRE .

LEONE . ARCHIEPISCOPO . ROTOMAGENSI . BENEDICTA

VOX . EXULTATIONIS ET SALUTIS .

VERUM . LAUDO . DEUM . PLEBEM . VOCO . CONGREGO . CLERUM

VOTA . TRAHO . PLORO . DEFUNCTOS . FESTA . DECORO .

XPS . VINCIT . XPS . REGNAT , XPS . IMPERAT . XPS . AB .

OMNI . MALO . NOS . DEFENDAT .

A BOLLÉE CENOMANEN . ME . FECIT .

Après avoir vu les cloches nous reprendrons notre escalier de pierre pour gagner après 48 marches la terrasse,
au-dessus de laquelle s'élève la partie ajourée de la tour
se terminant par la couronne.

Sur les plombs qui recouvrent le beffroi, on peut encore
déchiffrer quelques monogrammes ou marques d'ouvriers,
dont les caractères attestent l'authenticité.

Louis huet 1631 — Brice 1653 — Elye 1653
Duval 1710 — Charlle Cocibu 1726
etc. . . . .

Nous sommes maintenant au faîte de notre ascension,
après avoir gravi 284 marches depuis le sol de l'église.

D'autres monuments peuvent nous donner des vues plus
étendues sur la vieille cité normande, et son fleuve au
cours paisible, mais nulle place n'est plus propice aux
pieux souvenirs, quand on se reporte par la pensée quelques
siècles en arrière.

Lorsque la puissante Abbaye de Saint-Ouen couvrait
les alentours de ses vastes constructions, et abritait ses
nombreux religieux, c'était un centre de prières et d'études
qui rayonnait sur la ville et la province. Malheureusement

la Révolution ne vit que les abus qui s'étaient glissés dans plus d'un cloître, et le peuple ingrat et oublieux dispersa les Ordres religieux.

« Certes après l'émancipation du tiers état, l'existence des couvents n'avait plus le degré d'utilité qu'ils acquirent du xe au xiiie siècle ; mais à qui les classes inférieures de la société dans l'Europe occidentale, devaient-elles leur bien-être et l'émancipation qui en est la conséquence, si ce n'est aux établissements religieux de Cluny et de Citeaux [1] ? »

[1] VIOLLET-LE-DUC, *Dictionnaire raisonné de l'Architecture.*

LES CHAPELLES.

Celle qui d'abord se présente à nous du côté droit, s'ouvre à la fois sur la basse nef et le transept sud : elle s'appelle *chapelle des Morts,* et était anciennement dédiée à saint Pierre et saint Paul[1]. Elle était affectée à la corporation *des Tondeurs*[2].

Les vitraux sont anciens.

Le rétable ne mériterait pas de mention, si le tableau n'offrait une particularité opposée à la tradition nazaréenne, en nous présentant le Christ en croix absolument imberbe.

Sur le devant de l'autel une sculpture sur bois figure *les trois Maries embaumant le corps de Jésus.*

Du côté de l'Épître — une *Pieta,* qui est peut-être le seul vestige arrivé jusqu'à nous, du somptueux Jubé élevé en 1462 par le cardinal d'Estouteville Abbé Commendataire, ravagé juste cent ans après par les Calvinistes, restauré en 1655 par le Grand Prieur Dom Guillaume Cotterel et détruit entièrement en 1791. Aux pieds de la Vierge on voit un petit moine revêtu du scapulaire et de la coule bénédictines[3].

La première chapelle du tour du chœur s'ouvre également sur le transept et la sous-aile du chœur : elle est consacrée à *saint Joseph* et s'appelait autrefois de Saint-Ouen et Saint-Romain.

Les vitraux modernes représentent l'histoire du roi Clovis.

[1] Ces anciennes appellations sont puisées dans l'*Histoire de l'Abbaye Royale de Saint-Ouen de Rouen,* par Dom François POMMERAYE, 1662.

[2] « Les Tondeurs firent décorer comme on la voit présentement (1690) et à leurs frais, la chapelle de Saint-Pierre et Saint-Paul qui est dans la nef et revient à 400 livres. » *Livre huictiesme des choses notables de l'Abbaye,* ms., Archives départementales.

[3] On voit dans une gravure de l'ouvrage de Dom Pommeraye un groupe au haut d'un galbe, dont la ressemblance avec cette Pieta est frappante.

Le rétable en pierre a été exécuté sur les dessins de M. E. Barthélemy. Quatre anges sculptés par M. Jean occupent des niches et tiennent les principaux outils du charpentier : la hache, la bisaiguë, la règle, le maillet et la gouge. Sur le tombeau de l'autel figurent en bas-reliefs : la fuite en Égypte, la mort de saint Joseph et l'atelier de Nazareth.

L'autel a été séparé du mur par un espace de 30 centimètres, pour respecter une peinture à fresque représentant la *Mater dolorosa*. Dans un angle du sujet est figuré un prêtre célébrant la Messe [1]. L'accès malheureusement en est impossible.

La grille donnant sur le transept est du commencement de l'année 1749 et celle sur le déambulatoire a été posée le 12 mai 1744 [2].

Quand on restaura cette chapelle, on trouva des fondations qui semblaient offrir un développement parallèle à celui de la *Tour aux clercs*.

La seconde chapelle dite autrefois de Saint-Michel donne accès à la sacristie, où l'on entre par une porte entourée d'une frise bien sculptée. De gracieux ornements s'y déroulent sous une cordelière en forme de rosaire, avec les armes de l'Abbé Bohier au centre.

La sacristie ne possède plus ses riches trésors que les Calvinistes pillèrent en 1562 et que la Révolution acheva de disperser. Il n'y a plus qu'un voile de calice brodé, d'un travail remarquable. Les armoiries du Cardinal Bohier alternent sur les clefs de voûte et les vitraux avec celles de l'Abbaye. Les peintures proviennent du réfectoire des moines. Les boiseries ont été exécutées entre 1683 et 1690.

« Monsieur Du Not, ancien Religieux non réformé de cette Abbaye Royale de Saint-Ouen, donna cent pistoles pour faire la menuiserie de la première sacristie de Saint-Ouen,

---

[1] Peut-être est-ce une représentation de la messe de saint Grégoire, usage très commun au XVI siècle ? (Abbé COCHET, *Bulletin de la C* des Antiquités, 8 janvier 1874.)

[2] *Livre huictiesme des choses notables de l'Abbaye.*

et le R. P. Dom Charles Aubourg, Prieur des réformés de la dite Abbaye, suppléa près de deux cents livres qu'il fallut de surplus, moyennant laquelle somme totale elle fut achevée le premier jour du mois de may de l'année mil six cents quatre-vingt-quatre [1]. »

Plus tard le même M. Du Not compléta ses libéralités par un don de 2.000 livres pour faire des armoires, mais il mourut le 1er mai 1688 et le travail ne fut achevé que deux ans plus tard.

Dans la chapelle, les sujets des vitraux ont été brisés, sauf un. Le rétable est en marbre noir et en stuc, avec une statue en bois de *sainte Agnès* dont la chapelle porte aujourd'hui le nom. Sur le devant, on voit une *Nativité* peinte sur bois. En face une tapisserie figure l'*arrestation d'Aman chez la reine Esther*.

L'intérêt historique de cette chapelle réside dans le grand tableau qui représente :

Emmanuel-Théodose de la Tour d'Auvergne, Cardinal de Bouillon, vice-doyen du Sacré Collège, évêque de Porto, grand aumônier de France, Abbé de Saint-Ouen, faisant à la place du pape Innocent XII le 24 décembre 1699 l'ouverture de la Porte Sainte du Vatican à l'occasion du Jubilé séculaire [2].

« Le 22 mai 1708, M. le Cardinal de Bouillon partit de Rouen pour retourner à ses abbayes de Cluni et de Tournus, après un peu plus de onze mois de séjour en cette ville, pendant lequel il n'a fait aucune gratification à son Abbaye de Saint-Ouen. Au contraire elle fit des dépenses assez considérables les jours qu'il officia et pour le repas qu'elle lui donna le jour de Saint-Ouen. Il a laissé un tableau d'environ 12 pieds en quarré qui représente l'ouverture que ce Cardinal fit de la Porte Sainte au Grand Jubilé l'an 1699 lorsqu'il n'étoit que sous-Doyen. Ce tableau a été peint par le Sr Mauviel peintre de Rouen et a coûté deux cents livres [3]. »

---

[1] *Livre huictiesme des choses notables de l'Abbaye.*

[2] Lire sur cet événement malicieusement commenté, les mémoires de Saint-Simon.

[3] *Livre huictiesme.* Ce tableau a été attribué à tort à Pierre Léger.

Sur le sol on voit quelques pierres tombales des Prieurs J.-B. Tellier, Renaud et Duquesnay [1].

« Le 26 février 1740 on fit abattre le mur qui fermoit la Chapelle Saint-Michel et l'entrée de la Sacristie. On mit à la place une grille de fer, elle a coûté 1693 livres [2]. »

On aperçoit encore sur cette grille la date de 1740 précédée d'un L [3] et d'une marque d'ouvrier.

La troisième chapelle consacrée aujourd'hui à *saint François* a changé fréquemment de nom, car elle s'appela N.-D. de la Délivrande, Saint-Nicaise, ou chapelle royale, et ses vitraux retracent des épisodes de la vie de saint Romain.

Les peintures murales firent partie probablement des grands travaux entrepris par le Prieur Dom Guillaume Cotterel vers 1650 ; elles ont été retrouvées sous un badigeonnage. Les pilastres et les nervures sont couverts d'un semis de fleurs de lys d'or sur fond d'azur : dans la voûte et la fausse fenêtre on voit des anges musiciens ou adorateurs au centre desquels se trouve le Père Éternel.

Dans le contre-rétable en pierre, dont l'architrave est soutenue par deux colonnes accouplées d'ordre ionique, se voit une bonne copie de *la Mort de saint François* par Jouvenet [4].

Au-dessus un autre tableau représente *sainte Élisabeth de Hongrie soignant les pestiférés*, attribué à Mauviel (?)

Un grand tableau, médiocre celui-là, représentant *la Pentecôte*, fait face à l'autel.

Sous la fenêtre une magnifique tapisserie, d'après les cartons de Lebrun, représente *l'Entrée triomphale d'Alexandre à Babylone*. On peut voir derrière cette tapisserie de curieux fragments d'anciennes peintures du même

---

[1] Nous mentionnerons les pierres tombales là où elles se trouvent, sans en conclure que ce soit leur place d'origine.

[2] *Livre huictiesme.*

[3] Peut-être cette initiale indique-t-elle *Le Friand* auquel on attribue indûment les grilles du sanctuaire.

[4] L'original est au musée municipal ; c'est le premier tableau, paraît-il, que Jouvenet aurait peint de la main gauche.

style et de la même époque que celles signalées dans la chapelle Saint-Joseph. Toutes les chapelles du pourtour du chœur paraissent d'ailleurs avoir été décorées de fresques analogues, contemporaines peut-être de la construction même de l'église.

Trois pierres tombales se trouvent dans le pavage[1].

1º Le cœur figuré sur l'une d'elles indique probablement l'emplacement du cœur de M. Charles du Héron, mort en Catalogne le 9 novembre 1653[2].

2º Robert du Hamel, bourgeois de Rouen, entre ses deux femmes 1365 et 1385.

3º Dom Guillaume Cotterel, grand Prieur.

Au-dessus se trouvent les armes de ce Prieur qui sont : d'argent à l'arbre de sinople, au chef d'azur chargé de trois étoiles de cinq pointes d'argent, le bâton du Prieur en pal par derrière.

Ce religieux mourut le 17 février 1667 à l'âge de quatre-vingt et un ans, laissant partout dans l'Abbaye la trace de ses restaurations que nous voyons encore aujourd'hui. Aussi ferons-nous une exception en citant un passage de ses dispositions testamentaires.

« Led. Sr Prieur quelques jours avant sa mort envoya chez Mon^r Gode grand vicaire de Monseig^r l'Archevesque une cassette fermée dont il retint la clef et dans laquelle il y avoit dix à onze milles livres avec un mémoire pour en faire la distribution en cette manière, savoir : à l'hostel Dieu de la Magdelaine 1.000^l; aux Valides 1.000^l; aux Missionnaires 1.000^l; aux Prisonniers 1.000^l; aux pauvres honteux 1.000^l; à vingt monastères de cette ville chacun 100^l; à une sienne nièce pour ayder à la marier 800^l; à un de ses neveux pour estudier 500^l; à son ancien valet 1.000^l; à son petit valet 400^l et quelques autres

---

[1] Si les paillassons et les tapis sont, surtout l'hiver, un obstacle pour voir les pierres tombales, on ne doit pas s'en plaindre au point de vue de leur conservation.

[2] Farin le signale comme rapporté dans cette chapelle. *Histoire de la ville de Rouen*, tome V, page 222.

PORTAIL DES MARMOUSETS. *p. 15.*

moindres sommes dont je nay pu avoir connoissance [1]. »

« On fit faire à Paris la grille de fer de la chapelle de Notre-Dame de la Délivrande. Elle fut placée le 2 avril 1738 au lieu d'une grande grille de bois de dix ou douze pieds de hauteur. Cette grille de fer a coûté cinq cents quatre vingt dix livres y compris la peinture et la dorure [2]. »

Elle fut commandée à Nicolas Poitevin, bourgeois de Paris, maître serrurier demeurant rue neuve Richelieu paroisse Saint-Severin, le 23 décembre 1737 [3].

La quatrième chapelle dite jadis de Saint-Barthélemy et aujourd'hui de *Saint-Benoît* commence le mouvement tournant de l'abside, aussi a-t-elle cinq pans sans compter la partie ouverte.

Les vitraux anciens représentent la vie de saint Barthélemy.

Un assez joli rétable, en bois sculpté dans le style Louis XV, encadre une toile représentant une *vision de saint Benoît*, où ravi hors de lui-même, la terre entière apparut, dit-on, à ses regards, comme un rayon de la gloire de Dieu.

A gauche se voit une *Communion de saint Benoît* qui serait intéressante, si l'architecture du fond ne paraissait composée par une autre main peu expérimentée [4].

En dessous un *saint Christophe* avec quelques vers du poëte latin Marc-Jérôme Vida.

En face *la Mort (?) de saint Bruno d'après Lesueur* [5].

La cinquième chapelle est consacrée aux *Saintes Reliques,* auparavant elle était dédiée à saint André.

L'autel moderne contient sous la table trois grandes

---

[1] *Livre huictiesme des choses notables de l'Abbaye.*

[2] *Id.*

[3] *Notes historiques et archéologiques* par M. Charles de BEAUREPAIRE.

[4] Ce tableau provient de l'Abbaye de Saint-Wandrille. *Second essai sur le dépt de la Seine-Infre*, Noël de la MORINIÈRE, 1795, page 143.

[5] L'original est au Louvre.

châsses, au-dessus deux bustes surmontant des cœurs, quatre reliquaires en forme de bras et une châsse dominant le tabernacle ; le tout renfermant de nombreuses reliques.

Le dessus de l'autel en tapisserie au petit point, du XVIIe siècle, mérite un examen. On y voit dans dix-sept compartiments les attributs de la Passion tenus par des anges — le roseau et le coq — la verge — le fouet — la main — le glaive avec l'oreille encore adhérente — un vase d'eau avec plateau et linge — le Christ *ecce homo* — une bourse et une torche — la colonne de la flagellation — l'échelle — la croix — la lance et les dés — la sainte face — l'éponge au bout d'un roseau — les tenailles — la couronne d'épines — les clous et le marteau.

Au-dessus du confessionnal un grand tableau représente *le Christ inspirant à saint François d'Assise la règle des Frères mineurs* présentée par des anges.

En face une *Assomption de la Sainte Vierge*.

Trois tapisseries décorent également les murs.

Du côté de l'Epître, *la Pucelle* ou *la France délivrée*. C'est la copie du frontispice du poème emphatique de Jean Chapelain.

Du côté de l'Évangile, *la mère de Darius implore la clémence d'Alexandre ;* elle fait partie de la suite des triomphes dont nous avons déjà parlé.

Enfin la troisième, de beaucoup la plus belle et la plus ancienne (fin du XVIe siècle ?), représente *Moïse frappant le rocher de sa verge*.

Il est question d'ériger dans cette chapelle une plaque à la mémoire de Jean de Saint-Avy, évêque d'Avranches, *le seul qui avait été favorable à Jeanne d'Arc, lors de son procès*. Décédé le 22 juillet 1442, il demanda à être enterré dans la chapelle Saint-André patron de sa cathédrale.

On voit contre la grille, dans le déambulatoire, quelques pierres tombales de religieux ne portant que des dates, suivant l'usage de la Congrégation de Saint-Maur.

27 mars 1701. — 26 avril 1704. — 11 février 1705. — 3 februarii 1728. — 11 februarii 1730.

La chapelle de l'abside a toujours été dédiée à la Sainte Vierge.

En 1330 l'Abbé Marc d'Argent y transféra le corps de l'Abbé Nicolas, constructeur de la précédente église, et y prépara lui-même sa sépulture en face. Ces tombeaux, ravagés en 1562 et entièrement détruits en 1793, furent reconstitués en 1868 grâce à quelques fragments, par M. Desmarest architecte. Toutes les sculptures et décorations avaient disparu, et il ne restait sous l'arc du tombeau de Nicolas qu'une peinture murale de la fin du XVIᵉ siècle, représentant la résurrection ou le jugement dernier. L'Académie de Rouen avait fait placer en 1840 sur le mur méridional de cette chapelle une inscription commémorative en l'honneur de l'Abbé Marc d'Argent. Cette plaque est actuellement au Musée des antiquités ainsi que plusieurs pierres tombales de l'Abbaye.

Maintenant on lit à gauche :

✠

CI GIT
NICOLAS DE NORMANDIE
FILS DE RICHARD II ET ONCLE
DE GUILLAUME LE CONQUÉRANT
IL FUT LE QUATRIÈME ABBÉ DE
CE MONASTÈRE QU'IL GOUVERNA
PENDANT CINQUANTE ANS
IL DÉCÉDA LE XXVI FÉVRIER
DE L'AN MXCII APRÈS AVOIR BATI
L'ANCIENNE ÉGLISE DONT L'ABSIDE
SEPTENTRIONALE EXISTE ENCORE
SOUS LE NOM DE TOUR AUX CLERCS

———

SA TOMBE ÉLEVÉE PAR L'ABBÉ JEAN
ROUSSEL DIT MARC D'ARGENT ET
DÉTRUITE PAR LE MALHEUR DES TEMPS
A ÉTÉ RÉTABLIE PAR LES SOINS DE
LA FABRIQUE L'AN MDCCCLXIX

A droite on lit :

✛

CI GIT
JEAN ROUSSEL DIT MARC
D'ARGENT VINGT TROISIÈME ABBÉ
DE SAINT-OUEN QUI JOIGNANT UNE
ADMINISTRATION TRÈS SAGE
AU ZÈLE DE LA MAISON DE DIEU
RESTAURA LES BIENS DU MONASTÈRE
ET BATIT EN MAJEURE PARTIE
CETTE NOUVELLE ET GRANDE ÉGLISE
DANS L'ESPACE DE VINGT ANNÉES
IL DÉCÉDA LE VII DÉCEMBRE
DE L'AN DE GRACE MCCCXXXIX
PRIEZ DIEU POUR SON AME

SA TOMBE PRÉPARÉE PAR LUI-MÊME
ET DÉTRUITE PAR LE MALHEUR DES TEMPS
A ÉTÉ RÉTABLIE PAR LES SOINS DE
LA FABRIQUE L'AN MDCCCLXIX

La primitive épitaphe très instructive pour l'histoire du monument, portait :

Hic jacet frater Ioannes Marcdargent,
alias Roussel, quondam Abbas Istius
Monasterij qui incepit edificare istam
ecclesiam de novo, et fecit chorum et
capellas et pilliaria turris et magnam
partem crucis monasterij antedicti.

Cette chapelle servit aussi de lieu de sépulture à de nombreux fidèles.

Voici les principales pierres tombales que nous avons pu déchiffrer :

Dans le sanctuaire sous un tapis moderne aux armes de la ville de Rouen, de l'Abbaye de Saint-Ouen et de la Congrégation de Saint-Maur :

A gauche, *Jehan Morelet* et *Nicole Daguenet* sa femme 1421 et 1430 (cette pierre où les visages et les mains sont incrustés en marbre est très bien conservée);

A droite, Marc de Xalon 1615 [1].

Dans le milieu de la chapelle :

> Alphonse de Palme Carrillo 1617 ;
> Massé Poret 1426 ;
> L'Abbé d'Auteuil 1302.

(Cette dernière est richement gravée et l'inscription entière en a été relevée.)

Çà et là :

Jacques de Villalobos espagnol 1586 ;
Du Breuil eschanson frère de l'Abbé du Breuil 1369 ;
Dom Guillaume Le Couteulx, ⎫
Dom Charles Donnest, ⎬ religieux ;
Dom Jacques Hellot, ⎭
Nicolas Deschamps 1828, ⎫ Curés.
Christophe Mac Cartan 1851, ⎭

D'autres pierres présentent encore des fragments d'inscriptions frustes, que des transpositions et des morcellements rendent encore plus difficiles à lire.

Les vitraux de gauche sont anciens et représentent : l'Annonciation, la Visitation et la Nativité.

Ceux du fond : saint Joachim, saint Joseph et la Sainte Vierge (modernes).

Ceux de droite : l'adoration des mages (moderne), Hérode et le massacre des SS. Innocents (anciens).

L'autel dans une suite de 17 statuettes résume toute la

---

[1] Le blason fort curieux est un exemple de la complication des armoiries espagnoles : sous la devise *beatificamus eos qui sustinuerunt* se trouve un écu, écartelé par une croix patée d'or accompagnée au 1er canton de sinople, de 2 tours d'argent pyramidées et panoncées de même ; au 2e canton d'azur semé de 3 étoiles d'argent et 2 croissants d'argent cantonnés l'un sur l'autre ; au 3e canton d'argent au lion de gueules ; au 4e canton d'argent, à l'arbre de sinople et un ours au pied, passant, de sable sur une terrasse de sinople ; à une bordure autour de l'écu, d'or, semée de 13 coquilles d'azur.

vie de la Sainte Vierge : Annonciation — Visitation — Nativité — adoration des bergers et des mages — fuite en Egypte — mort du Sauveur — Pentecôte — Assomption.

Les statues sont de Fulconis, l'ornementation a été exécutée par Jean.

Dans le sanctuaire se trouvent trois tapisseries ayant trait à l'histoire de Jeanne d'Arc.

I *Jeanne d'Arc à Vaucouleurs avec son frère et le Sr Robert de Baudricourt.*

II *Jeanne d'Arc à Chinon.*

III *Le Sacre de Charles VII à Reims en présence de Jeanne d'Arc.*

Avant de sortir de cette chapelle, nous ne pouvons nous empêcher de faire un curieux rapprochement. On y vit pendant longtemps une pierre tombale sur laquelle était gravé :

Cy gist noble homme Jean Tallebot, fils du sieur de Tallebot Mareschal de France, qui décéda ès années de puérilité, le 4 janvier 1438.

Or ce Tallebot était le fils de Tallebot, général des armées du Roi d'Angleterre en France, le grand ennemi de Jeanne d'Arc, et dans la chapelle voisine repose Jean de Saint-Avy, le seul évêque qui, dans le procès, prit le parti de notre héroïne !

Dans le déambulatoire on peut voir encore contre la grille, la pierre tombale de Pantaléon Cibo mort en 1518 [1].

La septième chapelle consacrée au *Sacré Cœur*, et anciennement à saint Jean, est entièrement remise à neuf depuis le pavage jusqu'à l'autel, où quatre anges portent chacun deux attributs de la Passion.

Sur le mur de gauche un tableau représente le *Mariage de la Sainte Vierge.*

Les vitraux sont anciens pour la plupart. Dans une

---

[1] C'était un parent du Cardinal Cibo, Abbé de Saint-Ouen, lequel mort en avril 1550 à Rome fut inhumé à Sainte-Marie de la Minerve.

rosace en haut on voit une Vierge à l'allure du XIVe siècle. Dans les fenêtres de droite et de gauche se trouvent, au milieu de lobes anciens, les armes de la ville de Rouen telles qu'elles étaient en 1362 [1].

Ces armes figurent aussi dans la cinquième chapelle.

La huitième chapelle a conservé son appellation de *Saint-Mathieu;* on y voit de vieux vitraux très intéressants représentant la vie de cet Apôtre, trois fragments de pierres tombales de deux religieux, et du Seigneur Pierre de Veules.

Sur l'autel se trouve une très bonne peinture sur bois de la *Flagellation*, par Von Guemuth en 1496.

Sur le mur du côté gauche un tableau allégorique représente *saint Thomas d'Aquin fustigeant les hérésies.*

Sur le mur en face, des *Anges adorant le Sacré Cœur*, peints, dit-on, par Jouvenet.

En dessous un curieux tryptique nous retient. Le sujet principal est la *Nativité* et les panneaux de recouvrement nous montrent les donateurs. A gauche Jean Feldt et en dessous son fils Gaspard Feldt, chanoine de Bonn : à droite Gertrude Scholl, sa femme, et Catherine, leur fille, religieuse du monastère auquel fut donné le tryptique en 1606.

La neuvième chapelle dédiée à *saint Éloi* nous présente une statue du grand ami de saint Ouen. Dans les vieux vitraux on retrouve l'histoire de saint Étienne, auquel elle était jadis consacrée.

Au-dessus de l'autel, *saint Mathurin exorcisant l'impératrice Théodora*, peint par Sacquespée. C'est une bonne toile de ce peintre [2] qui en consacra plusieurs aux miracles du même saint.

---

[1] Sceau d'une charte de Simon de Broc Maire de Rouen. (Archives Départementales.) Ce Maire qui décéda le 19 avril 1365 fut enterré dans le cloître de l'Abbaye.

On voit encore un spécimen sculpté de ce blason au Palais de Justice, dans la cour, en haut de la première fenêtre à gauche de la salle du Parlement.

[2] Adrien Sacquespée né à Caudebec en Caux (Seine-Inférieure) le 17 juin 1629, y décéda le 19 décembre 1692.

En face se voit une immense *Flagellation* peinte en 1822 dans ses débuts artistiques, par Marigny[1] ; c'est un don de M. Dambray Chancelier de France.

La tapisserie qui comporte deux sujets séparés par une colonne, représente d'un côté *un Évêque imposant à un mendiant les Saints Evangiles ;* et de l'autre, *le même pontife reçu par saint Pierre et saint Paul à la porte du Paradis.* L'écusson qui se trouve dans la bordure en haut est parti de 3 traits, coupé d'un, ce qui fait 8 quartiers, sur lesquels au centre : d'azur à 6 annelets d'or posés 3, 2 et 1[2]. Ornements extérieurs : Derrière l'écu une crosse d'or — autour : à dextre une palme de sinople ; à senestre une cordelière de veuve. Dans le bas de la tapisserie : les armes de l'Abbaye   ? D'azur à 2 M surmontés en chef de 2 fleurs de lys d'or. L'écu entouré de 2 palmes adossées de sinople ; derrière l'écu une crosse accostée de 2 étoiles, le tout d'or.

Trois pierres tombales d'un grand intérêt se trouvent dans le pavage.

Contre la grille : l'Abbé Guillaume II, dit le Mercher, décédé en 1394. — Inscription en vers latins.

A côté : l'Abbé Nicolas III de Goderville, mort en 1273. L'inscription est également en latin et l'ornementation de la pierre est une des plus riches que l'on trouve encore dans l'Abbaye[3]. Inhumé dans la précédente église, il fut transféré dans la chapelle Saint-Estienne de l'église actuelle[4].

La troisième, contre le mur du fond, est celle de Nicolas Morel, Conseiller du Roi et Sénéchal, qui légua une partie de ses biens à l'Abbaye, avec sa vaisselle d'or et d'argent, pour la construction de l'église : il est décédé le 3 août 1363.

---

[1] Michel Marigny est né à Paris en juin 1795.

[2] Ces dernières armoiries sont probablement celles de Louise de Husson, veuve de Mery de Beauvilliers Sgr de Thoury Consr et Chambellan du Roy, Gouverneur et Bailli de Blois sous Louis XII, morte en août 1540. Communication due à la bienveillance de M. R. Garreta qui a déterminé presque tous les quartiers.

[3] Cette pierre tombale a été consciencieusement dessinée par M. Alexis Drouin.

[4] Francisque MICHEL, *Chronique des Abbés de Saint-Ouen,* page 1-

La dixième chapelle actuellement de *Sainte-Cécile*, dont la statue en bois décore l'autel, était anciennement dédiée à saint Éloy, dont l'histoire se retrouve dans les vieux vitraux.

Pour ne point nuire à la perspective de l'église, on y a installé le buffet du petit orgue. Un mécanisme souterrain permet de toucher le clavier dans le chœur.

Dans le pavage se trouvent trois pierres tombales très frustes, dont une contre la grille datée de 1524, et l'autre en face l'autel de 1652.

Contre la muraille, protégées contre l'usure des pieds, mais malheureusement aussi dérobées en partie à nos regards, se dressent :

La pierre tombale d'Alexandre de Berneval, l'un des architectes de l'église et auteur de la grande rosace sud ; décédé en 1440 ;

A côté et sur la même pierre, mais sans inscription, vraisemblablement son fils et son successeur, Colin de Berneval, auteur de la grande rosace nord ;

Enfin, un troisième personnage, presqu'entièrement masqué par un confessionnal, « dont la place serait mieux ailleurs »[1], représente un autre architecte vêtu en moine qui fut peut-être, d'après les détails d'architecture rayonnante qu'il trace, un collaborateur de l'Abbé Marc d'Argent.

Enfin, la onzième et dernière chapelle du tour du chœur qui était de saint Martial, est dédiée à *saint Jean-Baptiste ;* on y a établi les Fonts.

Dans un bon rétable en bois sculpté du style Louis XV un tableau représente *le Baptême de Notre-Seigneur.*

Ce n'est vraisemblablement plus la décoration exécutée en 1665 aux frais de Du Moustier, trésorier et aumônier de l'Abbaye, dont la pierre tombale au milieu du transept nord, est orientée sur cette chapelle.

Contre le mur une grande tapisserie représente *la Nativité de la Sainte Vierge.*

[1] Abbé Sauvage, *Normandie monumentale.*

La grille qui fait face à l'autel a été posée au commencement de l'année 1749.

Nous voici revenus au transept où se trouve l'autel moderne de la confrérie du *Saint-Sacrement*, entouré de tentures rouges et de bannières.

Au-dessus se voit un grand tableau de la *Visitation* peint par Deshays.

C'est derrière cet autel que se trouvait l'entrée des Bénédictins et la porte monumentale qui sert actuellement de tambour au petit portail de la Cirerie.

A droite, cinq marches conduisent dans l'ancienne tour aux Clercs, dont le sol est de 1^m05 en contre-bas : niveau correspondant aux pavés émaillés qui furent trouvés dans la nef lors des fouilles du calorifère.

A gauche, près du petit portail relativement récent [1] qui donne accès sur la place, se voit encore une autre entrée plus ancienne, par laquelle les moines descendaient [2] de leur précédent logis dans l'église. On retrouve dans le tympan des traces de peintures représentant les instruments de la Passion.

Nous arrivons au cloître où l'on a établi un sanctuaire de Notre-Dame des Sept Douleurs. L'entrée, construite au XIVe siècle, est d'un dessin très pur, avec sa rose inscrite dans le tympan, les anges musiciens placés en marmousets, et la gracieuse Vierge du sommet dont nous ne préciserons pas l'époque. L'intérieur semble avoir subi des retouches inexplicables, car la naissance de l'ogive repose sur des colonnettes dont les chapiteaux sont déformés.

Un tableau, peu considéré dans cet endroit, nous donne une image de *Notre-Dame de Guadeloupe*. La Sainte Vierge possède sur la colline de Tepeyacac, à une lieue de Mexico, un sanctuaire privilégié depuis 1531. Apparue en cet endroit à un Indien converti, elle figura sur son manteau les

---

[1] Il ne figure pas dans le plan de Dom Pommeraye publié en 1662.

[2] L'escalier en bois de chêne qui était, paraît-il, un chef-d'œuvre, fut cédé en février 1713 au Prieuré de Bonnenouvelle pour contribuer à la construction d'un orgue.

traits qui nous la représentent avec son costume de femme
de Cacique. C'est, du reste, l'effigie frappée au revers de la
croix mexicaine en 1821. Le 12 décembre, anniversaire de
l'apparition, est l'occasion chaque année de fêtes imposantes
où tout le Mexique se donne rendez-vous [1].

[1] Nous devons cette intéressante communication à M. l'abbé Ca-
nappe, Aumônier de la Visitation, ancien Vicaire Général de La Guadeloupe.

LE CHŒUR.

Le chœur de notre ancienne Abbatiale ne présente plus malheureusement l'aspect qu'il avait au siècle dernier, lorsqu'un jubé merveilleux [1] en fermait l'entrée, et que des stalles au dossier richement sculpté rejoignaient les grilles du sanctuaire. Néanmoins, tel qu'il est encore aujourd'hui, il mérite notre admiration.

Nous avons déjà signalé quelques petites grilles aux gracieux rinceaux, ici nous arrivons à l'épanouissement de ce travail du fer, où le maître forgeron se révèle artiste consommé. « Ces grilles sont, en effet, de véritables chefs-d'œuvre en fer forgé, ce qui les a fait échapper à la rapacité des chercheurs de métaux précieux, qui ont fondu celles de la Cathédrale pour en faire du billon. Jamais peut-être le fer n'a été travaillé avec plus de patience et de virtuosité, que dans les grilles de Saint-Ouen, et l'on ne saurait offrir de modèle plus remarquable aux artistes en ferronnerie [2]. »

« Dans le mois de mars 1742, on posa au côté de l'Épître la grande grille de fer qui ferme le chœur. Cette grille avait été commencée le 16 juin 1738. Elle a coûté la somme de dix mille livres et plus [3]. »

C'est celle que nous reproduisons.

« Le R. P. Arcis Prieur, dès son arrivée, donna ses soins et son attention pour continuer les grilles de fer, et il fit marché le 13 Juillet 1742 avec Nicolas Flambart, pour la grande grille du chœur du côté de l'Évangile, elle fut finie et posée le 12 May 1744 [4]. »

C'est celle qui est en face.

---

[1] Construit en 1462 par le Cardinal d'Estouteville, ruiné par les hérétiques l'an 1562, restauré en 1655 par D. Guillaume Cotterel Prieur, il fut démoli en 1791.

[2] Abbé SAUVAGE, *Normandie monumentale*, page 124.

[3] *Livre huictiesme des choses notables de l'Abbaye.*

[4] *Id.*

Enfin, « au mois de Juillet 1747, les cinq grilles qui enferment le sanctuaire furent placées. M⁰ Nicolas Flambart, le même qui a fait les deux grandes collatérales, les commença après Pasques de 1745, il avait avec luy trois ouvriers, il eut pour sa main d'œuvre seulement, 2.350 livres [1]. »

Elles portent du reste leur date, car on peut lire en haut :

FAIT — EFINI —— JUIN — 1747

En portant les regards plus haut, on aperçoit des peintures dans les écoinçons, c'est-à-dire dans les triangles formés par les basses voûtes, les piliers et la galerie supérieure. Dans chacun, on voit un ange jouant un instrument de musique, parmi lesquels on reconnaît la flûte de Pan, la viole, le triangle, les timbales ou tambourins, la harpe, etc...[2].

Les clefs de voûte, ornées de têtes expressives, doivent à l'absence d'attributs héraldiques, d'avoir échappé au vandalisme de la Révolution ; elles sont accompagnées de décors rouge, bleu et or et présentent un frappant contraste avec la simplicité des voûtes de la nef.

Ce chœur qui mesure 33ᵐ 30 de longueur sur ᴎᵐ 22 de largeur, était terminé lorsqu'eurent lieu les somptueuses funérailles du constructeur de l'église, l'Abbé *Jean Roussel* dit *Marc d'Argent,* décédé le 7 décembre 1339 [3].

Les stalles hautes sont au nombre de 38 dont 19 de chaque côté, et on compte autant de stalles basses ; elles sont du xviie siècle [4].

Dans le sanctuaire se voit une belle table carrée de style Louis XIV.

[1] *Livre huictiesme des choses notables de l'Abbaye.*

[2] Quelques-uns de ces sujets ont été consciencieusement gravés par M. Alexis Drouin qui nous a laissé sur Saint-Ouen plusieurs planches malheureusement inédites. Les cuivres sont à la Bibliothèque municipale.

[3] Dom Pommeraye y consacre un chapitre entier très détaillé comme pour servir de type aux funérailles des Abbés de Saint-Ouen (pages 294 et suivantes).

[4] Abbé Cochet, *Répertoire archéologique.*

Il nous reste à décrire l'autel.

Malgré des réserves que nous ne sommes pas seul à formuler, au point de vue de l'harmonie sévère de l'église [1], l'autel est une merveille d'orfèvrerie exécutée sur les dessins de M. Sauvageot, architecte. Il sort des ateliers Poussielgue-Rusand et a coûté plus de cent vingt mille francs. Il est entièrement en bronze doré et cuivre, avec des parties fondues et des parties faites à la main en repoussé.

Le tombeau de l'autel est composé de neuf arcatures ; on y voit sur trois plaques émaillées les armes du Souverain Pontife Léon XIII, de l'Archevêque de Rouen Mgr Thomas, et de l'Abbaye de Saint-Ouen. La corniche de la table, moulure de 4^{m}50 de face, est d'une seule pièce.

Le rétable représente : à gauche [2], le sacre de saint Ouen et de son ami saint Éloi, qui eut lieu dans cette Abbaye en 646 [3] ; à droite [4], la translation des reliques de saint Ouen de Darnétal à Rouen par Rollon, en 918.

Les statues rappellent les Saints de Normandie qui furent plus ou moins associés à l'œuvre de saint Ouen.

A droite :

1º Saint Ansbert, Archevêque de Rouen, successeur de saint Ouen.

2º Saint Wandrille, Abbé de Fontenelle, ami de saint Ouen.

3º Saint Waninge, gentilhomme de Fécamp, guéri par saint Ouen.

4º Sainte Angadrême, Épouse de saint Ansbert, qui entra dans la vie religieuse le lendemain de ses noces, et devint la patronne de Beauvais.

---

[1] « Cette magnifique pièce de bronze doré que nous ne voulons pas examiner ici au point de vue liturgique (*Revue de l'art chrétien* 1889, p. 86) n'a qu'un défaut, mais il est grave ; c'est de briser par des lignes trop droites la perspective de l'abside et de masquer en grande partie les belles grilles qui l'entourent, alors qu'elles auraient pu jouer un grand rôle dans la décoration générale du sanctuaire. » Abbé SAUVAGE, *Normandie monumentale*, p. 124.

[2] Côté de l'Évangile.

[3] D'après Dom Pommeraye en 646, selon d'autres auteurs en 641.

[4] Côté de l'Épître.

GRILLE DU CHŒUR, *p. 56.*

A gauche :

1º Saint Éloi, Évêque de Noyon, orfèvre du roi Dagobert.

2º Saint Philbert, Abbé de Jumièges.

3º Saint Saëns, Abbé Écossais, qui fit le voyage de Rome avec saint Ouen.

4º Sainte Austreberthe, Abbesse d'un monastère de Pavilly, dont saint Ouen lui confia la direction.

Deux reliquaires reposent sur des arcatures à jour, et sous le dôme qui domine l'ensemble, se trouve la châsse contenant les reliques de saint Ouen [1].

M. Charles Gauthier est l'auteur des scènes sculptées en ronde bosse. Terminons par l'opinion de M. Lucien Falize, très compétent sur ce sujet [2].

« Ce qu'il faut admirer surtout, c'est la bonne façon du travail, je l'ai regardé en orfèvre et je demeure étonné de la perfection de cet ouvrage qui est l'un des plus beaux qu'on ait vus en ce genre. »

---

[1] Ce ne sont plus les importantes reliques du *Saint* qui furent profanées en 1562 ; ni les fragments qui, échappés à la fureur des calvinistes, furent déposés en 1654 dans l'autel dédié à saint Ouen et disparurent en 1793 ; mais ce sont des parcelles du crâne de saint Ouen qui furent données par le diocèse de Cambrai et déposées en grande pompe dans cette église le 22 avril 1860.

[2] Rapporteur du Jury de l'Exposition internationale de 1889. Classe de l'orfèvrerie.

CÉRÉMONIES ET ÉVÉNEMENTS.

Quel long et intéressant chapitre n'y aurait-il pas à faire sur ce sujet ?

Nous nous contenterons seulement aujourd'hui de glaner quelques faits.

Le 30 septembre 1558, le roi Henry II fit dans cette église une promotion de chevaliers de l'ordre de Saint-Michel.

Le 18 octobre 1596, Henry IV y reçut l'ordre de la Jarretière, qui lui fut envoyé par Élisabeth, reine d'Angleterre.

L'une des plus imposantes cérémonies qui se passèrent dans l'église de l'Abbaye, fut pendant longtemps, le sacre des Évêques de Rouen.

« Plus tard, s'ils parvinrent à s'affranchir de cette sorte de sujétion, il en resta toujours des traces dans la cérémonie même de leur intronisation. C'est de l'Abbaye de Saint-Ouen que le prélat partait pour aller prendre possession personnelle de son siège : deux religieux l'accompagnaient ; en le présentant aux chanoines, le prieur disait : *Nous vous le baillons vif, vous nous le rendrez mort.* Après sa mort, en effet, le corps de l'archevêque était ramené à Saint-Ouen, où le doyen du Chapitre le présentait aux religieux en leur disant à son tour : *Vous nous l'avez baillé vivant, nous vous le rendons mort.* Le défunt restait exposé vingt-quatre heures dans l'église abbatiale, entouré d'autant de cierges qu'il avait vécu d'années. Les vingt-quatre heures écoulées, le corps était repris par les chanoines et l'on procédait aux obsèques [1]. »

Peut-être ne faut-il pas voir dans cette coutume une *sujétion,* mais une pieuse tradition, qui préparait ainsi les nouveaux métropolitains, par le recueillement et la prière

[1] Abbé SAUVAGE, *Normandie monumentale,* page 113.

dans un monastère, aux charges qui allaient leur incomber. Cette courte retraite peut alors se comparer à la veillée d'armes des chevaliers.

« C'était du reste un usage *commun à presque tous les évêques nouvellement élus*, lors de leur arrivée dans leur diocèse, de passer la nuit qui précédait leur entrée solennelle, en prières dans un monastère privilégié, voisin de leur cathédrale, et d'être présentés au Chapitre par les religieux de cette abbaye [1]. »

Ce cérémonial était loin de nuire à l'éclat des funérailles et nous en avons un pompeux exemple dans celles du Cardinal Georges d'Amboise. L'Archevêque de Rouen qui était mort au monastère des Célestins à Lyon le 25 mai 1510, fut rapporté à Rouen où il arriva le 27 juin. Transporté le lendemain dans l'Abbaye de Saint-Ouen, les offices s'y déroulèrent au milieu du respect et du recueillement général.

Néanmoins, la cérémonie était difficilement supportée par le Chapitre et, le 15 janvier 1672, à la réception de Mgr François Rouxel de Médavy on voit que les rapports avec les Bénédictins étaient déjà tendus, car le Grand Prieur dit fort haut à ces Messieurs : *Ego trado vobis Dominum Archiepūm vivum, quem reddetis nobis mortuum* [2].

Son inhumation, ainsi que celle de Mgr Colbert qui fut enterré à Saint-Eustache de Paris, ne paraît pas avoir donné lieu à des difficultés.

Mais il n'en fut point de même pour Mgr Claude Maur d'Aubigné qui fut enterré *clandestinement* dans la Cathédrale. Les religieux firent appel devant le Parlement de cette violation de leurs droits, et le 9 mai 1709, on exécuta l'arrêt du Parlement (rendu *januis clausis*) avec le cœur de l'Archevêque. MM. les Chanoines dirent : *Mon Père, voicy le cœur de Messire Claude Maur d'Aubigné, vous nous l'avez donné vivant, nous vous le rendons mort* [3].

Son successeur, Armand Bazin de Besons, mourut au château archiépiscopal de Gaillon ; il avait dit « qu'il ne

[1] *Journal* d'Eudes RIGAUD, note de la page 313.
[2] *Livre huictiesme.*
[3] *Id.*

voulait pas que son corps fût un sujet de querelle entre la cathédrale et l'Abbaye ». Aussi fut-il porté de Gaillon à Paris et inhumé à Saint-Cosme, lieu de sépulture de sa famille.

Pour Mgr de la Vergne de Tressan, nous savons que les cérémonies se passèrent sans difficultés, mais nous touchons à la fin de cette coutume.

Lors de la prise de possession de Mgr de Saulx-Tavannes, le 24 mai 1734 « il fut conclu unanimement que pour ne pas attirer au monastère quelque disgrâce, pour ne pas irriter M. de Pontcarré (le 1er Président) et M. l'archevêque, pour éviter toutes contestations avec le Clergé régulier et les inconvénients inséparables de notre résistance dans la conjecture présente, nous abandonnerions l'ancien usage qui s'observoit à la petite entrée des Archevêques. La communauté ayant autorisé par un acte Capitulaire le R. P. Prieur et Dom René Prosper Tassin à signer les articles dressés par M. le Premier Président, l'affaire fut terminée le même jour au désavantage de ce monastère [1]. »

Du reste, l'inhumation des simples fidèles qui désignaient l'Abbaye privilégiée comme lieu de leur dernier repos, n'était pas davantage exempte de désordres.

Les funérailles de M. de Feuguerolles de Palmes, doyen des Conseillers du Parlement, qui eurent lieu le 2 mars 1704, furent des plus étranges [2], et pourraient faire pendant aux scènes du *Lutrin* de Boileau.

Aussi avait-on été obligé de faire un arrangement devant le Parlement, qui avait « décidé, que les sieurs Curés rendroient les cors vis-à-vis du troisième pilier du bas de la nef ou en droite ligne de la chaire du prédicateur [3], sans passer plus outre en convoy avec leur clergé [4] ».

Peut-être nous sommes-nous trop attardés sur ces contestations, qui reposaient évidemment sur ce que les deux

---

[1] *Livre huictiesme.*

[2] *Le Mémorial* de Guillaume LE ROUX en donne une narration détaillée.

[3] Le graveur de l'ouvrage de Dom Pommeraye, qui a négligé de retourner son dessin, ne fait que confirmer cette place de la chaire.

[4] *Livre huictiesme des choses notables de l'Abbaye.*

partis croyaient être *leurs droits,* mais l'église Saint-Ouen a été témoin de cérémonies plus édifiantes.

Le 29 juin 1660, les Bénédictins réformés de la Congrégation de Saint-Maur prirent possession de l'Abbaye des mains des anciens religieux. Ceux-ci qui avaient fait un peu attendre leur adhésion à la réforme [1], prirent part néanmoins à toutes les cérémonies qui eurent lieu en grande pompe. Dom Guillaume Cotterel était alors grand Prieur et eut pour successeur Dom Victor Tixier. Au milieu de la nombreuse et brillante assistance, on voyait la duchesse de Longueville, M. de Franquetot, Président du Parlement de Normandie, M. de Chalons, chanoine de la Cathédrale et official de l'Archevêché.

Sous la Congrégation de Saint-Maur, l'église des Bénédictins ne perdit point de son importance.

« Le vendredy 25 Mars 1678, Mgr François Placide Baudry de Piencour, cy-devant Abbé Régulier de la Croix Saint-Leufroy et depuis peu Évesque de Mandes, donna la Confirmation dans la nef de nostre Église et ensuite les petits ordres. Il commença à donner la Confirmation sur les huict heures du matin jusqu'à une heure après midy et voyant qu'il restoit encore un très grand nombre de personnes à confirmer, il les remit après son disner qu'il fut prendre chez Mons. le 1er Président qui l'avait invité, et après estant retourné dans nostre Église, il continua jusqu'à 9 heures du soir [2]. »

En 1687, Mgr Colbert, coadjuteur, administra le sacrement de Confirmation dans l'église de l'Abbaye à cinq mille personnes.

« Les 6 et 7 Avril 1725, Mgr l'Évêque de Vaterford Irlandois, donna la Confirmation à plus de dix mille personnes dans nostre Église [3]. »

Nous approchons maintenant d'une période critique pour les temples catholiques, car dès 1741, on voulut convertir l'église de l'Abbaye en grange à blé.

---

[1] La réforme de Saint-Maur fut introduite à Jumièges en 1619 ; à Saint-Wandrille en 1639 ; à la Trinité de Fécamp en 1641.

[2] *Livre huictiesme des choses notables de l'Abbaye.*

[3] *Id.*

« M. Orry, Contrôleur général des finances, ordonna seulement que l'orgue fut enveloppé de plusieurs toiles par-dessus lesquelles on mit une toile cirée, après avoir descendu les figures posées au-dessus de l'orgue. Il fit encore séparer la nef de l'église d'avec la croisée avec des planches extrêmement hautes et un grand voile de toile qui descendoit depuis la voûte jusqu'en bas...

« Nostre église étoit ainsi livrée à une bande d'ouvriers qui faisoient un vacarme et un bruit si grand que nous ne pouvions faire l'office divin. »

Les religieux s'en plaignirent et obtinrent « qu'on ne feroit usage de l'église que dans le cas de nécessité et lorsque tous les lieux profanes, les cloîtres, greniers et autres lieux de la ville seroient remplis.

« Après bien des allarmes et des peines, la Communauté a eu la consolation de voir qu'un seul grain de bled n'est pas entré dans son Église[1]. »

Avant d'arriver à la période révolutionnaire, c'est un devoir pour nous de signaler la discipline des religieux de Saint-Ouen. Cette Abbaye fut, il est vrai, un foyer de Jansénisme, et ses moines n'adhérèrent que difficilement et très tardivement à la bulle *Unigenitus*. Cette phase de leur histoire est connue, mais ce qui l'est peut-être moins, c'est ce paragraphe du registre des actes capitulaires.

« Le mardi seize Juillet 1765, tous les Religieux du monastère de Saint-Ouen de Rouen, Ordre de Saint-Benoît, Congrégation de Saint-Maur, étant capitulairement assemblés au son de la cloche, à la manière accoutumée, le Rev. Père Dom Étienne-Louis Robbé, Prieur du dit Monastère leur a représenté qu'il seroit nécessaire de délibérer au sujet de la Requête présentée au Roy par plusieurs Religieux de l'abbéie de Saint-Germain des Prés. Après la lecture de ladite Requête et d'une lettre du Rev. Père Dom Jean Lefevre, Premier assistant, adressée au Rev. P. Prieur, tendant à ladite délibération, tous les Religieux, d'une voix unanime ont déclaré, que loin de donner adjonction à ladite Requête, ils protestent contre toutes les innovations aux-

---

[1] *Livre huictiesme.*

LA TOUR, p. 18.

quelles elle tend, et déclarent qu'ils ne veulent rien changer
à l'exercice de la Règle de saint Benoît telle qu'elle subsiste,
et qu'elle a toujours été pratiquée dans la Congrégation de
Saint-Maur, notamment par rapport au maigre, aux offices
de la nuit, et à la forme de l'habit; pourquoy nos supérieurs
majeurs sont suppliés de faire passer à sa Majesté la présente protestation comme le vœu général de tous les Religieux de l'abbéïe de Saint-Ouen qui gémissent en secret
sur l'erreur où des circonstances facheuses ont sans doute
plongé les autheurs de la Requête ; en foy de quoy le
R. P. Prieur m'a ordonné de dresser le présent acte dont
l'authentique, signé de tous les Religieux de la Communauté, a été envoyé au très R. Père Général [1]. »

Fr. Andréas Claudius Vanier,
Secrétaire du Chapitre.

Enfin, le 6 novembre 1789, les religieux se dépouillaient
de toute l'argenterie qui n'était point essentielle à la décence
du culte divin.

La dernière délibération du Chapitre est datée du 30 novembre 1789 et signée par Davoust, prieur, et Fortier,
sous-prieur : les religieux furent dispersés peu de temps
après.

Le 21 mars 1791, un ex-vicaire de Saint-Laurent qui
avait prêté serment le 23 janvier, fut nommé *Curé* de Saint-
Ouen. L'ancienne Abbaye avait été désignée parmi les
dix-huit églises reconnues pour l'exercice du culte.

En août et septembre de cette même année, les *Chantres-
Laïques* et les *Dames Patriotes* y firent dire plusieurs
messes solennelles pour l'acceptation de la Constitution.

Puis notre vénérable Abbatiale devient un Musée où s'en-
tassent, sous la direction de Lemonnier, les tableaux et les
rétables recueillis dans le département, et surtout à Rouen.
Une bibliothèque s'y forme aussi, composée, nous dit Noël
de la Morinière [2], de 70.000 volumes et de 3 à 400 manus-

---

[1] Manuscrit. Archives départementales.

[2] *Essai sur la Seine-Inférieure*, Rouen 1795, tome II, page 240 et
suivantes.

crits, et ce fut Dom Gourdin qui en fut le premier biblio-
thécaire.

Le 2 décembre 1793, nous voyons Selot abdiquer ses
fonctions de prêtrise et par une singulière inconséquence
continuer à les exercer. En effet, le 5 janvier 1794 l'église
Saint-Ouen est ouverte aux schismatiques et c'est Selot
qui officie ; mais cela ne lui réussit guère, car il est arrêté
le 18 janvier et incarcéré à Saint-Yon [1].

Saint-Ouen est alors converti en dépôt et atelier d'armes
et l'on inscrit sur le portail :

C'EST ICI QUE SE FORGE AU BRUIT DE CENT MARTEAUX
LE FER QUI DOIT, TYRANS, VOUS CREUSER DES TOMBEAUX.

L'emplacement de plusieurs étaux, enclumes et four-
neaux se voit encore aujourd'hui dans le centre de la nef et
contre les piliers dont quelques-uns sont mutilés.

Le 4 octobre 1795, on décrète la réouverture de quelques
églises, mais avec suspension pour celles où il y a des ateliers, jusqu'à ce qu'ils soient transférés ailleurs. Tel était
justement le cas de Saint-Ouen.

En 1798, l'Abbatiale est convertie en temple décadaire,
pour y célébrer les décadis et y faire les mariages trois jours
par mois.

Voici quelle était la décoration du temple à cette époque :

« Cet édifice a pour ornement un grand tableau qui sert
de contre-table représentant une grande statue de la liberté
et une plus petite l'égalité avec leurs attributs. On voit au-
dessous un tableau qui représente un tyran renversé tenant
en sa main un poignard et enchaîné par le cou d'une grosse
chaîne attachée dans une muraille.

«Au-dessus du premier tableau et aux côtés entre les piliers
sont des inscriptions ; il y en a aussi à l'entrée du ci-devant
sanctuaire et à l'entrée du ci-devant chœur ; une de chaque
côté, elles sont analogues au gouvernement actuel. Devant
ces deux tableaux est l'autel de la Patrie, en forme cubique
orné de guirlandes et de festons aux trois couleurs ; des

---

[1] *Journal d'Horcholle,* procureur en la Chambre des comptes à
Rouen, ms., Bibliothèque municipale.

deux côtés et contre les grillages de fer *(qui ont été hasardeusement conservés)* il y a trois espèces de trépieds ou candélabres pour y mettre des cassolettes à parfums ; l'intérieur de l'ancien chœur est rempli de banquettes de différentes sortes ; et on a fait à l'entrée une espèce d'avantchœur entouré de grillages de fer à hauteur d'apuy où se placent les symphonistes et chanteurs.

« La municipalité s'y est rendue en grand cortège ; on y portoit avec pompe, *la constitution de l'an III;* on a renouvelé le serment d'usage et fait les cérémonies ordinaires en pareilles fêtes [1]. »

Le 8 juin 1799, on fit une fête funèbre pour les citoyens Bonnier et Roberjeot, assassinés en revenant du congrès de Rastadt. Tous les corps administratifs, judiciaires et militaires s'y rendirent *en grand deuil.* On a sonné comme pour les agonisants et tendu l'église en dehors, ce qui a été fort critiqué puisqu'on ne reconnaissait l'exercice d'aucun culte. Le président de la fête a proclamé « l'imprécation contre la maison d'Autriche et a voué l'empereur François et ses ministres à l'exécration de tous les peuples » aux cris de *vengeance, vengeance* [2] !

Des inscriptions violentes furent à ce sujet accrochées aux piliers et y restèrent jusqu'au 24 juillet 1800.

Le 9 août 1799 eut lieu un service pour le général Laubadère, mort subitement à l'Hôtel de la Pomme de Pin, rue Saint-Jean. Il y avait des tentures, des candélabres et des attributs militaires.

Le 2 octobre 1799, un service semblable fut fait pour le général Joubert, tué à la bataille de Novi, et le 30 janvier 1800, un autre également pour le général Championnet, mort dans une épidémie.

A l'époque où nous sommes arrivés, il se produit une certaine détente dans la persécution religieuse. Enfin, le 29 mars 1801, dimanche des Rameaux, le culte catholique romain est officiellement installé pour les prêtres *soumissionnaires* dans Saint-Ouen. « L'église a été bénite par

---

[1] *Journal d'Horcholle.*
[2] *Id.*

M. l'abbé de Saint-Gervais, ci-devant Doyen du Chapitre, qui a officié tout le jour. M. l'abbé de Boisville, chanoine, a fait un discours, on a remarqué dans le clergé M. Deschamps, curé de Sainte-Croix Saint-Ouen, lequel est établi curé de la nouvelle paroisse Saint-Ouen [1]. »

Le Concordat du 15 juillet confirma cette situation.

Le 24 septembre 1801 on célébra un service pour le Cardinal de la Rochefoucault.

Depuis, les Curés de Saint-Ouen, dignes successeurs des célèbres Abbés, n'ont cessé d'embellir la magnifique Église dont ils ont la garde.

Au siècle dernier, notre terre normande était riche en monuments dus pour la plupart à l'Ordre Bénédictin.

« Contemplez les débris de cet arbre, autrefois si vigoureux et si fécond, à l'ombre duquel les nations de l'Occident se sont reposées durant tant de siècles. De toutes parts, la hache dévastatrice de l'impiété s'est plue à le frapper dans ses branches et dans ses racines. Ses ruines sont partout ; elles jonchent le sol de l'Europe entière [2]. »

Plus heureux que bien d'autres, nous devons à la Providence de posséder encore *Saint-Ouen*.

[1] *Journal d'Horcholle.*
[2] Dom GUÉRANGER, *Année liturgique.*

Fini d'écrire à La Bucaille le 25 mai 1895, 577e anniversaire de la pose de la première pierre de l'église de Saint-Ouen.

TABLE DES MATIÈRES

Imprimerie Notre-Dame des Prés. — Ern. DUQUAT, directeur.
Montreuil-sur-Mer (Pas-de-Calais).

Montreuil-sur-Mer. — Imp. N.-D. des Prés. — Ern. Duquat, directeur.